Manz mathematische Aufgabensammlungen

Hermann-Dietrich Hornschuh
Klaus Ulshöfer

Aufgabensammlung zur Algebra an Realschulen

7./8. Jahrgangsstufe

Aufgaben

1400 Aufgaben und Lösungen
121 Musteraufgaben mit Lösungswegen

MANZ VERLAG MÜNCHEN

16,80
19817 RR

MANZ MATHEMATISCHE AUFGABENSAMMLUNGEN

Band 2

Herausgeber: HERMANN-DIETRICH HORNSCHUH

Manzbuch 803

5 4 3 2   1985 84
Die jeweils letzte Zahl bezeichnet die Auflage bzw. das Er-
scheinungsjahr dieses Buches.

ISBN 3-7863-0803-9

VORWORT

Immer wieder stellt sich in der unterrichtlichen Praxis her-
aus, daß in den eingeführten Lehrbüchern oft zu wenig Übungs-
material zu den einzelnen algebraischen Themenbereichen zur
Verfügung steht. Der Algebra der Jahrgangsstufen 7 und 8
kommt entscheidende Bedeutung zu. Hier entstehende Lücken
aber haben für den gesamten folgenden Mathematikunterricht
schwerwiegende Folgen. Auch wird der Realschüler während
seines späteren Berufslebens in den meisten Fällen kaum ohne
sie auskommen können. Dem zu begegnen, wurde die vorliegende
Aufgabensammlung erstellt.

Der Stoffauswahl lagen die Lehrpläne aller Bundesländer zugrunde, um möglichst alle wesentlichen Stoffgebiete durch
geeignete Aufgaben abzudecken; dem gegenüber erschien der
Nachteil vertretbar, daß der Leser aus dem einen oder anderen
Bundesland den einen oder anderen Abschnitt überspringt.

Die eingestreuten Musteraufgaben mit ihren ausführlichen
Lösungswegen, oft wurden mehrere beschritten, dienen in
erster Linie dazu, gezielt nachvollzogen zu werden, um
die jeweils folgenden Aufgaben, vor allem die große Anzahl
von Textaufgaben, sicher lösen zu können.

Diese Aufgabensammlung kann den Zweck erfüllen, sich in bestimmte Sachverhalte zu vertiefen, einzelne Stoffbereiche
sinnvoll zu wiederholen, sich auf Klassenarbeiten und Prü-
fungen gezielt vorzubereiten.

Die schwierigeren Aufgaben wurden mit einem * gekennzeich-
net. Das beiliegende Lösungsheft gibt dem Benutzer die Möglichkeit, sich von der Richtigkeit seiner Lösungen zu über-
zeugen.

Gleichungen mit Formvariablen und Systeme von Ungleichungen
werden im zweiten Band (für die 9. und 10. Jahrgangsstufe
an Realschulen) behandelt werden.

Hermann-Dietrich Hornschuh, Klaus Ulshöfer

INHALTSVERZEICHNIS

LÖSUNGEN   BEILAGE

1 RECHNEN MIT TERMEN
1.1 TERME OHNE VARIABLE

1. MUSTERAUFGABE:

Stelle zunächst jeweils einen Rechenausdruck (Term) auf und rechne diesen anschließend aus. Versuche, bei der Bildung des Terms mit möglichst wenigen Klammern auszukommen.

a) Addiere zum Produkt aus 17 und 21 die Zahl 47.

b) Multipliziere 17 mit der Summe aus 21 und 47.

Lösung:

a) $17 \cdot 21 + 47 = 357 + 47 = 404$

b) $17 \cdot (21 + 47) = 17 \cdot 68 = 1\ 156$

Anmerkung:

In der ersten Teilaufgabe ist wegen der Regel "Punktrechnung vor Strichrechnung" das Setzen von Klammern nicht erforderlich; hier wird die "Punktrechnung" Multiplikation vor der "Strichrechnung" Addition ausgeführt.

In der zweiten Teilaufgabe dagegen erzwingen die Klammern, daß hier die Addition vor der Multiplikation durchgeführt wird.

Stelle in den folgenden Aufgaben zunächst einen Term auf und versuche, nicht unbedingt notwendige Klammern zu vermeiden. Rechne den Term dann jeweils anschließend aus:

[1] Addiere zum Vierfachen der Zahl 19 das Dreifache der Zahl 71.

[2] Subtrahiere vom Siebenfachen der Zahl 47 das Dreifache der Zahl 35.

[3] Multipliziere das um 7 vermehrte Fünffache der Zahl 27 mit 59.

[4] Dividiere das um 6 verminderte Achtfache der Zahl 12 durch 9.

[5] Subtrahiere vom Siebenfachen der Zahl 21 das um 3 vermehrte Vierfache der Zahl 11.

[6] Addiere zum Produkt der Zahlen 81 und 76 die Zahl 999.

[7] Multipliziere 117 mit der Differenz aus 827 und 759.

[8] Multipliziere die Differenz aus 1 375 und 1 125 mit 80.

[9] Dividiere die Summe der Zahlen 1 217, 1 598 und 635 durch die Zahl 23.

[10] Addiere zum Produkt aus 47 und 83 das Produkt aus 157 und 7.

[11] Subtrahiere vom Produkt aus 49 und 58 den Quotienten aus 4 998 und 119.

[12] Dividiere die Differenz aus 10 756 und 8 376 durch 119.

[13] Vermehre den Quotienten aus 6 226 und 22 um 17.

[14] Subtrahiere vom Produkt aus 109 und 237 die Zahl 3 583 und dividiere anschließend diese Differenz durch 250.

[15] Multipliziere die Summe aus 28 und 17 mit 30 und dividiere dieses Produkt durch 27.

2. MUSTERAUFGABE:

Stelle zunächst einen Term auf und rechne ihn anschließend aus. Gib jeweils auch einen Rechenausdruck an, welcher die gleiche Zahl darstellt, aber keine Klammern enthält.

a) Vermehre 127 um die Summe der Zahlen 59 und 37.

b) Vermehre 127 um die Differenz der Zahlen 59 und 37.

c) Vermindere 127 um die Differenz der Zahlen 59 und 37.

d) Vermindere 127 um die Summe der Zahlen 59 und 37.

e) Subtrahiere von der Differenz aus 127 und 59 die Zahl 37.

Lösung:

a) $127 + (59 + 37) = 127 + 96 = 223$
$= 127 + 59 + 37 = 223$

b) $127 + (59 - 37) = 127 + 22 = 149$
$= 127 + 59 - 37 = 149$

c) $127 - (59 - 37) = 127 - 22 = 105$
$= 127 - 59 + 37 = 105$

d) $127 - (59 + 37) = 127 - 96 = 31$
$= 127 - 59 - 37 = 31$

e) $(127 - 59) - 37 = 68 - 37 = 31$
$= 127 - 59 - 37 = 31$

Stelle in den folgenden Aufgaben zunächst einen Term auf und rechne diesen anschließend aus. Forme den Term gegebenenfalls so um, daß er keine Klammern mehr enthält und rechne danach ein zweites Mal.

[16] Vermehre die Differenz aus 127 und 59 um die Zahl 37.

[17] Subtrahiere von der Differenz aus 551 und 358 die Zahl 173.

[18] Subtrahiere von 200 die Summe aus 112 und 82.

[19] Vermindere die Summe aus 112 und 82 um die Summe aus 81 und 13.

[20] Berechne die Differenz aus 153 und 61 und vermehre sie um die Differenz aus 62 und 14.

[21] Berechne die Differenz aus 210 und 130 und vermindere sie um die Differenz aus 100 und 20.

[22] Vermindere die Differenz aus 937 und 181 um die Summe aus 111 und 202.

[23] Addiere zur Differenz aus 2 173 und 359 die Differenz aus 1 682 und 1 496.

[24] Subtrahiere von der Differenz aus 5 417 und 3 619 die Differenz aus 1 673 und 375.

[25] Subtrahiere von der Differenz aus 3 417 und 937 die Differenz aus 1 419 und 937.

3. MUSTERAUFGABE:

Berechne.

a) $37 - (15 - 9)$

b) $63 - [(93 - 38) - (74 - 49)]$

c) $(17 - 12) - 3$ und $17 - (12 - 3)$

Lösung:

a) $37 - (15 - 9) = 37 - 6 = 31$

b) $63 - [(93 - 38) - (74 - 49)] = 63 - [55 - 25] = 63 - 30 = 33$

c) $(17 - 12) - 3 = 5 - 3 = 2$

$17 - (12 - 3) = 17 - 9 = 8$

Berechne die folgenden Terme.

[26] 43 − (28 − 12) und (43 − 28) − 12

[27] [37 − (17 − 12)] − [(37 − 17) − 12]

[28] [32 − (12 − 4)] − [(32 − 12) − 4]

[29] 31 + [(23 − 14) − (19 − 11)]

[30] 1O7 − [(93 + 32) − (76 − 42)]

[31] 327 − [(231 − 1O6) + (83 − 17)]

[32] 357 − [(117 + 93) − (52 − 18)] + 81

[33] 6 − {−6 − [6 − (6 + 6)]} + 6

[34] 4·72 − [(12·5 − 13·2) − (15·6 − 6)]

[35] 3 − {−2·2 − [−3 + (−3 − 2)] − 2·3} + 4·3 − 8·2

Berechne die folgenden Terme.

a) 17 − 23 + 24 + 73 − 37 − 44

b) 234 − 117 + 357 − 230 − (193 − 49)

Lösung:

a) 17 − 23 + 24 + 73 − 37 − 44

   = (17 + 24 + 73) − (23 + 37 + 44)

   = 114 − 1O4

   = 1O

b) 234 − 117 + 357 − 230 − (193 − 49)

   = 234 − 117 + 357 − 230 − 144

   = (234 + 357) − (117 + 230 + 144)

   = 591 − 491

   = 1OO

Berechne die folgenden Terme.

[36] 817 − 236 − 315 + 412 − 713 + 5O

[37] 3O7 − 512 − 43 − 52 + 1O3 + 2O2

[38] 37 − (12 + 25 − 37 + 20) + 53

[39] 2 3O7 − 354 − 82O − (712 − 253)

[4O] 327 − (412 − 131 + 57) + (87 − 317 + 436)

[41] 987 − (512 − 438 − 329) − (651 − 418 − 2O1)

[42] 36 − [237 − (83 − 2O7 + 3O5 + 5O)]

*[43] 17 - [137 - (243 - 512) + 637] + 1 208
*[44] 23 - [109 - 37 - (52 + 43)]
*[45] 203 - [812 - (917 - 305)] + 306 - 109

5. MUSTERAUFGABE:

Berechne die Terme.

a) (-4) · (+3) - (-4) · (-3)

b) (-2) · (-12) + (+10) : (-5)

c) [(-12) - (-3)] · (-5) - (-7) · (-4)

d) {[(-8) · (-7)] - [(-24) : (-3)]} + [(-18) · (-14)] - (-200)

e) Ist die Aufgabe

   (-48) : (-4) · (-8)

   eindeutig lösbar?

Lösung:

a) (-4) · (+3) - (-4) · (-3) = -12 - (+12) = - 12 - 12 = - 24

b) (-2) · (-12) + (+10) : (-5) = (+24) + (-2) = 24 - 2 = 22

c) [(-12) - (-3)] · (-5) - (-7) · (-4)

   = [-12 + 3] · (-5) - (-7) · (-4)

   = (-9) · (-5) - (-7) · (-4)

   = (+45) - (+28)

   = 45 - 28

   = 17

d) {[(-8) · (-7)] - [(-24) : (-3)]} + [(-18) · (-14)] - (-200)

   = {[+56] - [+8]} + [+252] + 200

   = {56 - 8} + 252 + 200

   = 48 + 452

   = 500

e) Die Aufgabe (-48):(-4)·(-8) ist in dieser Form nicht eindeutig lösbar. Eindeutigkeit kann nur durch eine zusätzliche Klammer erreicht werden.

   1. Möglichkeit: 2. Möglichkeit:

   [(-48) : (-4)] · (-8)   (-48) : [(-4) · (-8)]

   = [12] · (-8)   = (-48) : [32]

   = -96   = -1,5

Berechne die folgenden Terme.

[46] [(-3) · (-12)] : (+4)   [47] -7 + [(-3) - (-6)]

[48] [(-2) - (+3)] - (-5)   [49] -2 - [(+3) - (-5)]

[50] -7 - [(-12) + (+18)]   [51] [-7 - (-12)] + (+18)

[52] - 2 + [(-3) - (-5)]   [53] (-27) - (-3) · (+9)

[54] 2 · [(-3) · (+5) + (+7) · (+6) - (-3) · (-5)]

[55] O : (-15)   [56] [12 - (-3)] : [4 + (-1)]

[57] 40 - [(-2) + (+7) + (-21)]   [58] (-2)³ - (-2)²

*[59] (+3)⁴ - (-4)³ -2² · 5²   *[60] 2·3² - [(-5)² - (-4)³ - (-3)⁴]

[61] Dividiere die Summe aus -180 und 120 durch das Produkt
     aus -2 und 5.

[62] Um wieviel ist der Quotient aus -224 und +14 größer als
     das Produkt dieser beiden Zahlen?

[63] Um wieviel ist das Produkt aus 1 017 und -9 kleiner als
     der Quotient dieser beiden Zahlen?

*[64] Stelle fest, ob die folgenden Aufgaben eindeutig lös-
     bar sind:

     a) (-2) · (+8) · (-16)

     b) (-40) : (+5) - 13

     c) (-16) - (-36) : (-9)

     d) [(-60) : (-3)] · (+5)

     e) (-60) : [(-3) · (+5)]

     f) (-36) : (-12) · (-9)

     g) (+96) · (-16) : (-24)

[65] Der Dichter Lucius Seneca starb 40 n. Chr. im Alter von
     95 Jahren.
     Wann wurde Lucius Seneca geboren?

6. MUSTERAUFGABE:

Subtrahiere zunächst vom Produkt aus 37 und 93 die Differenz
aus 378 und 503 und multipliziere dann das Ergebnis mit 3.

Lösung:

[37 · 93 - (378 - 503)] · 3

= [3 441 - (-125)] · 3

= 3 566 · 3

= 10 698

[66] Subtrahiere von 100 die Summe der Zahlen -173 und 87, und multipliziere das Ergebnis mit 14.

[67] Subtrahiere von 250 die Differenz der Zahlen 293 und 77, und subtrahiere das Ergebnis von 44.

[68] Multipliziere die Differenz von 417 und 329 mit der Summe aus -32 und 67.

[69] Addiere zum Produkt aus 15 und 23 die 13-fache Differenz der Zahlen 156 und 106.

[70] Addiere zum Produkt aus 81 und 27 den Quotienten aus 3 104 und 32, und dividiere diese Summe durch 571.

[71] Dividiere das Produkt der beiden Zahlen 18,5 und 14,8 durch die Summe der beiden Zahlen 17,05 und 10,33.

[72] Multipliziere die Differenz der Produkte aus 15 und 23 sowie aus 17 und 12 mit 150 und subtrahiere danach 1 150.

[73] Subtrahiere vom Produkt aus 19 und 43 das Zweifache der Differenz aus 192 und 183.

[74] Multipliziere die zehnfache Summe der Zahlen -13 und 35 mit dem dritten Teil der Summe der Zahlen 37 und -82.

[75] Was muß man zur Summe der Zahlen -7 und -21 addieren, um deren Differenz zu erhalten?

[76] Subtrahiere von 7 829 das Quadrat von 73.

[77] Subtrahiere vom Quadrat der Summe der Zahlen 117 und 83 die Zahl 20 000.

[78] Addiere zum Quadrat der Summe der Zahlen 45 und 13 das Quadrat der Differenz der Zahlen 45 und 13.

[79] Subtrahiere vom Quadrat des Produktes der Zahlen 34 und 12 das Quadrat der Summe der Zahlen 380 und 27.

[80] Subtrahiere vom Quadrat der Summe der drei kleinsten zweistelligen Zahlen die Quadrate der drei größten einstelligen Zahlen.

7. MUSTERAUFGABE:

Vorgegeben ist der Term [(17 + 29) - (54 - 16)] : 4.
Formuliere zunächst diese Aufgabe in Worten so, daß die Reihenfolge beim Ausrechnen zum Ausdruck kommt, und rechne die Aufgabe danach aus.

Lösung:

Subtrahiere von der Summe der Zahlen 17 und 29 die Differenz
der Zahlen 54 und 16, und dividiere die dadurch erhaltene Zahl
durch 4.

$[(17 + 29) - (54 - 16)] : 4$

$= [46 - 38] : 4$

$= 8 : 4$

$= 2$

In den folgenden Aufgaben sind Terme vorgegeben. Formuliere
zunächst in Worten, welche Aufgabe dadurch jeweils gestellt
wird und rechne sie danach aus.

[81] $15 \cdot (27 - 3) - 160$ [82] $(14 + 90) : 4 - 17$

[83] $676 : 26 - 13$ [84] $676 : (26 - 13)$

[85] $(152\ 430 + 21\ 570) : (1\ 966 - 1\ 618)$

[86] $(17 \cdot 15 + 45) \cdot (900 - 27 \cdot 33)$

[87] $[-15 - (30 - 27)] : (-6)$

[88] $2 \cdot (5 \cdot 16 + 14 + 7 \cdot 3 + 5 \cdot 19)$

[89] $(7 \cdot 12 + 21) \cdot 2 - 14 \cdot (12 + 3)$

[90] $[(-12) \cdot (-3) + (-72) : (+8)] : (-3) + (-3) \cdot (-3)$

1.2   TERME MIT VARIABLEN

1.2.1   VEREINFACHEN VON SUMMEN UND DIFFERENZEN

8. MUSTERAUFGABE:

Vereinfache den folgenden Term.

$7a + (3b - 2a) - (4a + 5b - 2a - 4b) + (2a - 2b) - (-2a - a)$.

Lösung:

$7a + (3b - 2a) - (4a + 5b - 2a - 4b) + (2a - 2b) - (-2a - a)$

$= 7a + (3b - 2a) - (2a + b) + (2a - 2b) - (-3a)$

$= 7a + 3b - 2a - 2a - b + 2a - 2b + 3a$

$= 8a$

Vereinfache die folgenden Terme.

[91] 6a + 7a - 3a   [92] 3,9b + 5,8b - 4,7b + 5b

[93] 11x + x - 23x

[94] 3d + 7d + 11d + 15d - 30d + 17d - 23d + 6d

[95] 8,6x - 0,4y - 7,3x + 0,9y - 0,3x + 0,5y

[96] 5a + (3a - 7a)   [97] -5a + (-3a + 9a)

[98] 5a - (3a - 9a)   [99] -5a - (-3a + 9a)

[100] -5a - (-3a - 9a)   [101] (a + b - c) + (a - b - c)

[102] (5a - 2b) - (-3a + 7b) - (6a - 8b)

[103] (a + 2b) - (a - 2b)

[104] (6a - 3b + 7c + 4a - 5b + 2c) - (9c - 10b - 8a)

[105] (8b - 5c) - (6b + 3c) - (b - c)

[106] a + b + 2c - 3a - 5c - (2a - b - a + c)

[107] -(7a - 3a) - (13a - 17a) + 27a - 21a

[108] (4x + 2y - 3z) - (2x - 4y + 7z) + 5y + 3x - 8z - 5x - y

[109] 27m - 43n + 4p + (16p - 12m) - 19n - (59m -112n + 20p)

[110] 86y - 45z - (-17x + 49y - 26z) - (-57y + 14z + 69x)
       - (11z + 28x - 18y) + (x + y + z) - 6y + 43z

Mai $- 79x + 107y$

9. MUSTERAUFGABE:

Vereinfache die Terme.

a) a - [(a - b) - (2a + b)]

b) 3a - [(7a - 3b) - (2a - 4b)] - (2a - 5b)

c) x - {x - [(-x - y) - (2x + y)] - 2x + y}

Lösung:

a) 1. Weg (Die Klammern werden von innen nach außen aufgelöst):

   a - [(a - b) - (2a + b)]

   = a - [a - b - 2a - b]

   = a - a + b + 2a + b

   = 2a + 2b

   2. Weg (Die Klammern werden von außen nach innen aufgelöst):

   a - [(a - b) - (2a + b)]

   = a - (a - b) + (2a + b)

   = a - a + b + 2a + b

   = 2a + 2b

b) 1. Weg:

$3a - [(7a - 3b) - (2a - 4b)] - (2a - 5b)$

$= 3a - [7a - 3b - 2a + 4b] - 2a + 5b$

$= 3a - [5a + b] - 2a + 5b$

$= 3a - 5a - b - 2a + 5b$

$= -4a + 4b$

2. Weg:

$3a - [(7a - 3b) - (2a - 4b)] - (2a - 5b)$

$= 3a - (7a - 3b) + (2a - 4b) - (2a - 5b)$

$= 3a - 7a + 3b + 2a - 4b - 2a + 5b$

$= -4a + 4b$

c) 1. Weg:

$x - \{x - [(-x - y) - (2x + y)] - 2x + y\}$

$= x - \{x - [-x - y - 2x - y] - 2x + y\}$

$= x - \{x - [-3x - 2y] - 2x + y\}$

$= x - \{x + 3x + 2y - 2x + y\}$

$= x - \{2x + 3y\}$

$= x - 2x - 3y$

$= -x - 3y$

2. Weg:

$x - \{x-[(-x - y) - (2x + y)] - 2x + y\}$

$= x - x + [(-x - y) - (2x + y)] + 2x - y$

$= x - x + (-x - y) - (2x + y) + 2x - y$

$= x - x - x - y - 2x - y + 2x - y$

$= -x - 3y$

Vereinfache die folgenden Terme.

[111] $36 + [24 - (7a - 11) - (13a + 14)]$

[112] $x - [(x + y) - (y - x)]$

[113] $17x - (21x + 5y) - [x + (16y - 5x) - 27y]$

[114] $m + [(a - b) + (b + d)]$

[115] $m + [(b + c) - (m + d)]$

[116] $m - [(a - b) - (c - m)]$

[117] $m - [(x - y) - (a - m)]$

[118] $(7a - 2b) - [(3a - c) - (2b - 3c)]$

[119] (3x + 5y) - [(7x - 3y) - (5x - 7y)] + (x - y)

[120] -[(3q + 4p - 1) + 7m - (2q - p)] + 5p - (1 - 8m)

[121] y - {y - [(-x - y) + y]}

[122] 0,3m - {- [-1,3m + n - (3,4m - 0,8n)]} + 4m

[123] x - {- x + [x - (x + 2y)]} + y - 9x

[124] a - {- 2b - [-a + (-a - b)] - 2a} + 4a - b

[125] 10x - {- [-(x + y) - (x - y)] - x}

10. MUSTERAUFGABE:

Vereinfache die folgenden Terme.

a) 3·12a + 2·9a

b) 3(a + b) - 2(a - 3b)

c) 7(2a + b - a) - 4(3a - 3b - 2a + b) + 2(- a + 3b) - 20b - a

Lösung:

a) 3·12a + 2·9a

   = 36a + 18a

   = 54a

b) 3(a + b) - 2(a - 3b)

   = 3a + 3b - 2a + 6b

   = a + 9b

c) 7(2a + b - a) - 4(3a - 3b - 2a + b) + 2(- a + 3b) - 20b - a

   = 7(a + b) - 4(a - 2b) + 2(- a + 3b) - 20b - a

   = 7a + 7b - 4a + 8b - 2a + 6b - 20b - a

   = 7a - 4a - 2a - a + 7b + 8b + 6b - 20b

   = b

Vereinfache die folgenden Terme.

[126] 7·9b - 3·12b   [127] 4(a + b) - 2(a - 2b)

[128] 5(6a - 4) - 3(5a - 2) + 4(2a + 7)

[129] 5(3c - 2) - 3(9c - 10) + 8(3c - 4) - 6(2c - 6)

[130] 5(2 - 3x) - 9x - 5(14 - 3x) + 6

[131] 3(4a - 10b + 7) - 5(6a - 6b - 8)

[132] 9(4a - 3) + 3(a + 4b) - 6(2b + 7a - 2)

[133] 2m(3m - 4n) + 5n(2m + 8) - 2mn + 6m²

[134] 2(3v + 4w) - 5(v - 2w) - 16w + v

[135] $3(4a - 2b) - 5[-(a - b) + 3a]$

[136] $m(a + b - c) - m(a - b + c)$

[137] $x(2x + 3) - 3(x + 5)$ [138] $n(n - 1) + n^2 + n(n + 1)$

[139] $x(x + y) - y(x + y)$

[140] $x(x - y) - y(x - y) - x(x - 2y)$

1.2.2   AUFSTELLEN VON TERMEN

11. MUSTERAUFGABE:

Max denkt sich eine Zahl x. Er multipliziert sie mit 2 und
addiert zum Produkt 144. Diese Summe multipliziert er mit 3.
Danach subtrahiert er von diesem Produkt das Fünffache der
um 86 vermehrten gedachten Ausgangszahl.

a) Gib einen möglichst einfachen Term an, der das Ergebnis y
in Abhängigkeit von x angibt.

b) Was würde sich ergeben, wenn sich Max 2 gedacht hätte;
was bei -8, was bei 5 398?

c) Von welcher Zahl ging Max aus, wenn sich 452 ergibt?

Lösung:

a) $y = (2x + 144) \cdot 3 - 5(x + 86)$

    $= 6x + 432 - 5x - 430$

    $= x + 2$

Anmerkung:

Man schreibt auch $y = y(x)$ und liest: "y in Abhängigkeit
von x".

b) Man kann vom ursprünglichen Term ausgehen. Dann ergibt
sich im Falle x = 2 die Zahl $y(2)$. "$y(2)$" wird gelesen als:
"y für die Einsetzung von 2". Daß 2 für die Variable x eingesetzt wird, kann durch die ausführlichere Schreibweise
"$y(x=2)$" hervorgehoben werden.

$y(2) = (2 \cdot 2 + 144) \cdot 3 - 5 \cdot (2 + 86)$

    $= (4 + 144) \cdot 3 - 5 \cdot (2 + 86)$

    $= 148 \cdot 3 - 5 \cdot 88$

    $= 444 - 440$

    $= 4$

Geht man dagegen vom vereinfachten Term x+2 aus, so ergibt sich im Falle x = 2:

$$y(2) = 2 + 2$$
$$= 4.$$

Offensichtlich erspart die Vereinfachung des Terms sehr viel Arbeit. Dies wird bei den Einsetzungen von x = -8 bzw. von x = 5 398

$$y(-8) = -8 + 2 \qquad\qquad y(5398) = 5\ 398 + 2$$
$$= -6 \qquad\qquad\qquad\qquad = 5\ 400$$

besonders deutlich.

c) Hier wird der praktische Wert der Vereinfachung noch deutlicher.

Gesucht sind alle Zahlen x für die gilt:

$$452 = (2x + 144) \cdot 3 - 5(x + 86). \qquad (1)$$

Statt dessen suchen wir alle Zahlen, für die

$$452 = x + 2 \qquad\qquad\qquad (2)$$

erfüllt ist.

Man sieht sofort, daß nur x = 450 diese zweite Bedingung erfüllt.

Da nun aber der Term $(2x + 144) \cdot 3 - 5(x + 86)$ bei jeder Belegung von x mit einer Zahl denselben Wert wie der Term $x + 2$ annimmt, ist auch nur für x = 450 die erste Bedingung erfüllt.

Max hat sich die Zahl 450 gedacht.

[141] Karl denkt sich eine Zahl x. Er subtrahiert von dem um 15 vermehrten Siebenfachen dieser Zahl das um 21 verminderte Fünffache der gedachten Zahl.

    a) Gib einen möglichst einfachen Term an, der das Ergebnis y in Abhängigkeit von x angibt.

    b) Was ergibt sich jeweils, wenn sich Karl nacheinander die Zahlen -32 bzw. 57 bzw. 5 475 denkt?

    c) Von welcher Zahl ging Karl aus, wenn sich -8 466 ergibt?

[142] Martin denkt sich eine Zahl x. Er addiert zum Fünffachen der gedachten Zahl 7 und subtrahiert von dieser
Summe das Dreifache der um 4 verminderten gedachten
Zahl.
a) Gib einen möglichst einfachen Term an, der das Ergebnis y in Abhängigkeit von x angibt.
b) Welche Zahl ergibt sich, wenn sich Martin 105 denkt?
c) Welche Zahl muß sich Martin denken, damit sich die
Zahl 0 ergibt?

[143] Franz denkt sich eine Zahl x. Er subtrahiert ihr Doppeltes von 7 und multipliziert diese Differenz mit 5. Zum
entstandenen Produkt addiert er das Achtfache der um 4
verminderten, gedachten Zahl.
a) Gib einen möglichst einfachen Term an, der das Ergebnis y in Abhängigkeit von x angibt.
b) Welche Zahlen ergeben sich, wenn sich Franz 2 bzw.
-9 bzw. -499 denkt?
c) Bei welcher gedachten Zahl ergibt sich das Ergebnis
-11?

[144] a) Was ergibt sich, wenn man die Summe aus der Summe und
der Differenz zweier Zahlen a und b bildet?
Prüfe dein Ergebnis am Beispiel der Zahlen a = 385
und b = 239 nach.
b) Was ergibt sich, wenn man die Differenz aus der Summe
und der Differenz zweier Zahlen u und v bildet?
Prüfe dein Ergebnis am Beispiel der Zahlen u = 783
und v = 465 nach.

[145] Drei Pakete sind unterschiedlich schwer. Das leichtere
wiegt 16 kg weniger und das schwerere 12 kg mehr als
das mittelschwere Paket.
a) Wie schwer sind diese drei Pakete zusammen, wenn das
mittelschwere Paket b kg wiegt?
b) Wie schwer sind das leichtere und das schwerere Paket, wenn das mittelschwere 36 kg wiegt?

Selbstkosten = Einkaufspreis + Geschäftsk.
Verkaufspreis = Selbstkosten + Gewinn

[146] Von drei Brüdern hat Albrecht a DM Taschengeld gespart,
Bernhard b DM und Christian c DM. Albrecht hat 17 DM
weniger und Christian 26 DM mehr gespart als Bernhard.

a) Welchen Betrag können die drei Brüder zusammen ausgeben?

b) Welche Ersparnisse haben Albrecht und Christian,
wenn Bernhard 65 DM gespart hat?

[147] Hans besitzt x DM, sein Freund Horst dreimal soviel.
Jeder von ihnen gibt y DM aus.

a) Über welchen Betrag können die beiden Freunde danach
zusammen noch verfügen?

b) Wie hoch ist dieser Betrag, wenn Hans die Hälfte
seines Geldes ausgegeben hat?

c) Wie hoch ist dieser Betrag, wenn Horst ursprünglich
60 DM hatte und 20 DM ausgab.

[148] Von vier Büchern hat das zweite Buch 118 Seiten, das
dritte Buch 244 Seiten und das vierte Buch 384 Seiten
mehr als das erste Buch, welches a Seiten stark ist.

a) Wie viele Seiten haben diese vier Bücher zusammen?

b) Wie viele Seiten hat jedes dieser vier Bücher, wenn
sie zusammen 2 222 Seiten stark sind?

[149] Von vier Autohändlern hat der zweite Händler 4 Wagen
weniger als die doppelte Anzahl, der dritte Händler
zwei Wagen mehr als die doppelte Anzahl und der vierte
Händler 3 Wagen weniger als die dreifache Anzahl der
Wagen verkauft, die der erste Händler verkauft hat.

a) Wie viele Wagen hat jeder der Händler verkauft, wenn
der erste Händler 9 Wagen verkauft hat?

b) Wie viele Wagen haben diese vier Händler zusammen
verkauft, wenn der erste Händler a Wagen verkauft
hat?

c) Wie viele Wagen hat jeder dieser Händler verkauft,
wenn sie zusammen 43 Wagen verkauft haben?

[150] Drei Radfahrer wollen von einem Ort A nach einem Ort B.
Der erste Radfahrer benötigt 3 Stunden bei einer Durch-

schnittsgeschwindigkeit von a km/h, der zweite 4 Stunden
bei einer Durchschnittsgeschwindigkeit von b km/h und
der dritte 6 Stunden bei einer Durchschnittsgeschwindigkeit von c km/h.

a) Welche Strecke haben die drei Radfahrer zusammen zurückgelegt, wenn der Weg von A nach B genau u km
   lang ist?
   Gib diese Strecke sowohl mit Hilfe von a, b und c
   als auch mit Hilfe von u an.

b) Mit welcher Durchschnittsgeschwindigkeit ist jeder
   dieser drei Radfahrer gefahren, wenn der Weg von A
   nach B genau 72 km lang ist?

*[151] Ein Brunnen faßt a Liter Wasser. Er kann von drei Röh-
ren gefüllt werden. Die erste Röhre allein benötigt
dazu 6 Stunden, die zweite Röhre allein 3 Stunden und
die dritte Röhre allein 4 Stunden.

a) Wieviel Wasser ist nach einer Stunde im Brunnen,
   wenn durch alle drei Röhren gleichzeitig Wasser zu-
   fließt?

b) Wieviel Wasser ist nach einer Stunde im Brunnen,
   wenn nur die erste und die zweite Röhre gleichzeitig Wasser liefern?

c) Wie lange brauchen die erste und die zweite Röhre
   zusammen, um den Brunnen zu füllen?

d) Wie lange brauchen alle drei Röhren zusammen, um den
   Brunnen zu füllen?

*[152] Max biegt aus Draht ein "Kantenmodell" eines Quaders
mit den Kantenlängen a, b und c.

a) Wieviel Draht wird Max mindestens zur Herstellung
   dieses Modells benötigen?

b) Max will das Modell mit Stoff bespannen.
   Wieviel Stoff braucht er mindestens?
   Wieviel Stoff würde Max benötigen, wenn er mit
   12,5 % Verschnitt rechnet?

c) Max will nun das Modell mit Sägemehl füllen.

Wieviel Sägemehl benötigt Max?

d) Welche Werte ergeben sich jeweils für a = 6 cm,
   b = 5 cm und c = 8 cm?

*[153] Ein Kaufmann erwirbt Ware für a DM. Von dieser Ware
kann er ein Drittel mit 17 % Gewinn und die Hälfte mit
8 % Gewinn verkaufen, der Rest muß mit 10 % Verlust
abgegeben werden.

a) Berechne die Gesamteinnahmen des Kaufmanns in Abhängigkeit von a.

b) Berechne den Gewinn des Kaufmanns in Abhängigkeit
   von a.

c) Wieviel Prozent Gewinn hat der Kaufmann tatsächlich
   gemacht?

d) Welche Werte ergeben sich jeweils für a = 13 600 DM?

*[154] Eine Firma importiert Südfrüchte zum Einkaufspreis von
a DM. Die Frachtkosten betragen 4 % des Einkaufspreises.
Zwei Drittel der Ware können mit 23 % Gewinn vom Einkaufspreis verkauft werden, ein Viertel der Ware wird
mit 8 % Gewinn verkauft, der Rest muß mit 40 % Verlust
abgegeben werden.

a) Ermittle die Gesamteinnahmen in Abhängigkeit von a.

b) Berechne den Gewinn in Abhängigkeit von a.

c) Wieviel Prozent Gewinn hatte die Firma insgesamt?

d) Welche Werte ergeben sich jeweils für a = 27 600 DM?

*[155] Herr Huber möchte seine monatlichen Telefonkosten be-
rechnen. Eine Telefoneinheit kostet 0,23 DM. Dazu kommt
die monatliche Grundgebühr von 23 DM. Die ersten 20 Einheiten sind gebührenfrei.

a) Gib die Kosten y in Abhängigkeit der Anzahl x der
   telefonierten Einheiten an.
   (Fallunterscheidung!)

b) Welche Beträge muß Herr Huber bezahlen, wenn er 10,
   30, 75, 120, 1 276, 2 002 Einheiten telefoniert
   hat?

12. MUSTERAUFGABE

Die nebenstehende Skizze zeigt ein Flächenstück.

a) Drücke dessen Flächeninhalt A in Abhängigkeit von a aus.

b) Welcher Flächeninhalt A ergibt sich für a = 60 mm?

Lösung:

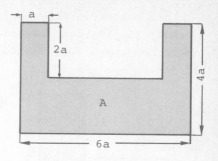

a) 1. Lösungsweg:

$A = 2A_1 + A_2$

$\quad = 2 \cdot a \cdot 2a + 6a(4a - 2a)$

$\quad = 4a^2 + 6a \cdot 2a$

$\quad = 4a^2 + 12a^2$

$\quad = 16a^2$

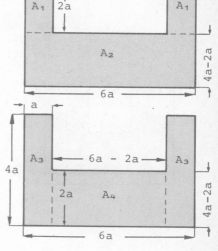

2. Lösungsweg:

$A = 2A_3 + A_4$

$\quad = 2 \cdot a \cdot 4a + (6a - 2a)(4a - 2a)$

$\quad = 8a^2 + 4a \cdot 2a$

$\quad = 8a^2 + 8a^2$

$\quad = 16a^2$

3. Lösungsweg:

$A = A_{ABCD} - A_5$

$\quad = 6a \cdot 4a - 2a(6a - 2a)$

$\quad = 24a^2 - 2a \cdot 4a$

$\quad = 24a^2 - 8a^2$

$\quad = 16a^2$

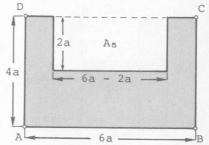

Ergebnis: $A = 16a^2$

b) $A = 16a^2 = 16(60 \text{ mm})^2 = 57\ 600 \text{ mm}^2 = 576 \text{ cm}^2$

23

In den folgenden Aufgaben sind Flächenstücke skizziert.
Drücke jeweils den Flächeninhalt A in Abhängigkeit von a aus.
Berechne anschließend A für die jeweils angegebene Größe von a.

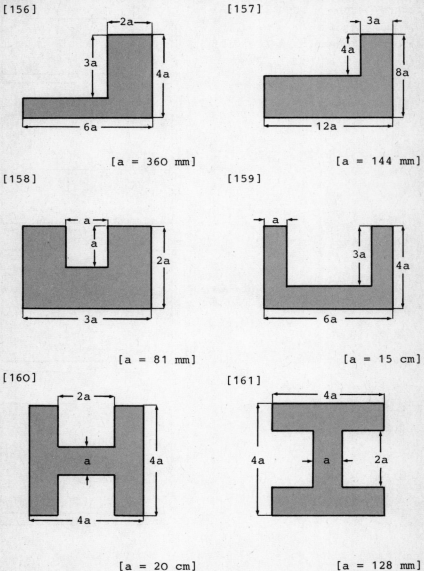

[156]

[a = 360 mm]

[157]

[a = 144 mm]

[158]

[a = 81 mm]

[159]

[a = 15 cm]

[160]

[a = 20 cm]

[161]

[a = 128 mm]

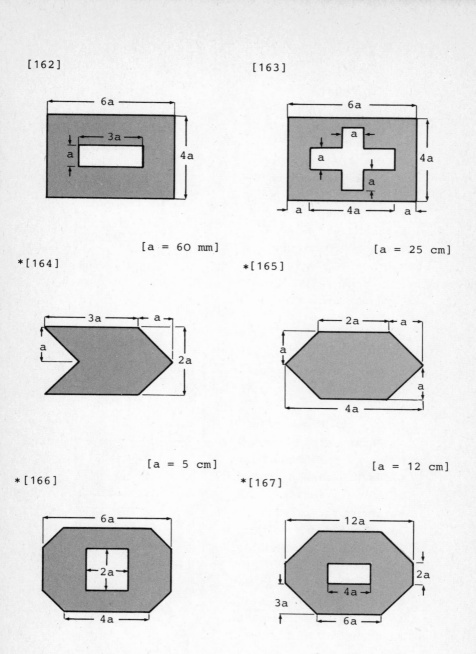

[162]

6a

3a

a

4a

[a = 60 mm]

[163]

6a

a

a

a

4a

a 4a a

[a = 25 cm]

*[164]

3a a

a

2a

[a = 5 cm]

*[165]

2a a

a

a

4a

[a = 12 cm]

*[166]

6a

2a

4a

[a = 12 cm]

*[167]

12a

2a

4a

3a

6a

[a = 72 mm]

*[168] Die nebenstehende Abbildung
zeigt ein Regal.
a) Drücke die Regalhöhe h
in Abhängigkeit von a, b
und c aus.
b) Drücke die Regalhöhe h
in Abhängigkeit von b
für den Fall aus, wenn
a = 20b und c = 30b gilt.
c) Berechne die Regalhöhe h
für a = 150 mm, b = 7,5 mm
und c = 22,5 cm.

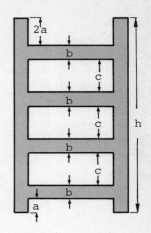

*[169] Zwei Rechtecke mit der Länge
12a und der Breite b sind,
wie nebenstehende Abbildung
zeigt, zu einem Kreuz über-
einandergelegt.
a) Drücke die Rechteckbreite
b in Abhängigkeit von a
aus.
b) Drücke den Kreuzumfang u
in Abhängigkeit von a aus.
c) Drücke den Flächeninhalt
A des Kreuzes in Abhängigkeit von a aus.
d) Welche Werte erhält man
jeweils für a = 6 cm?

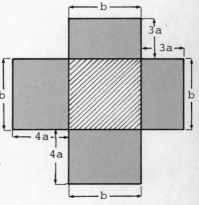

*[170] Nebenstehendes Kantenmodell
soll gebaut werden.
a) Drücke die Gesamtlänge L
der erforderlichen Stäbe
in Abhängigkeit von a aus.
b) Berechne L für die Größe
a = 4 cm.

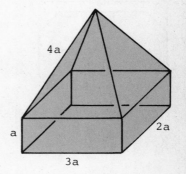

26

13. MUSTERAUFGABE:

Firma A stellt Tennisschläger, Firma B Hockeyschläger, Firma C Tischtennisschläger und Firma D Eishockeyschläger her.
Der folgenden Darstellung kann entnommen werden, wie viele Schläger die einzelnen Firmen monatlich hergestellt haben.

Firma A	Firma B	Firma C	Firma D
≙ a Tennis-schlägern	≙ (a + 30) Hockey-schlägern	≙ (a + 10) Tisch-tennis-schlägern	≙ (a - 20) Eis-hockey-schlägern

a) Wie viele Schläger stellten die einzelnen Firmen in einem Jahr her?

b) Firma A konnte 3 %, Firma B 4 %, Firma C 2 % und Firma D 5 % ihrer Jahresproduktion nicht absetzen.
Wie viele Schläger haben die einzelnen Firmen in einem Jahr verkauft?

c) Welche Werte erhält man jeweils für a = 60?

Lösung:

a) Anzahlen der in einem Jahr hergestellten Schläger:

Firma A: 12·30·a Tennisschläger
= 360a Tennisschläger

Firma B: 12·25·(a + 30) Hockeyschläger
= 300(a + 30) Hockeyschläger

Firma C: 12·35·(a + 10) Tischtennisschläger
= 420(a + 10) Tischtennisschläger

Firma D: 12·24·(a - 20) Eishockeyschläger
= 288(a - 20) Eishockeyschläger

b) Anzahlen der in einem Jahr verkauften Schläger:

Firma A: $(1 - 0,03) \cdot 360a$ Tennisschläger

        = 349,2a Tennisschläger

Firma B: $(1 - 0,04) \cdot 300(a + 30)$ Hockeyschläger

        = 288(a + 30) Hockeyschläger

Firma C: $(1 - 0,02) \cdot 420(a + 10)$ Tischtennisschläger

        = 411,6(a + 10) Tischtennisschläger

Firma D: $(1 - 0,05) \cdot 288(a - 20)$ Eishockeyschläger

        = 273,6(a - 20) Eishockeyschläger

c) Anzahlen der in einem Jahr hergestellten Schläger:

Firma A: 360a Tennisschläger

        = $360 \cdot 60$ Tennisschläger

        = 21 600 Tennisschläger

Firma B: 300(a + 30) Hockeyschläger

        = 300(60 + 30) Hockeyschläger

        = 27 000 Hockeyschläger

Firma C: 420(a + 10) Tischtennisschläger

        = 420(60 + 10) Tischtennisschläger

        = 29 400 Tischtennisschläger

Firma D: 288(a - 20) Eishockeyschläger

        = 288(60 - 20) Eishockeyschläger

        = 11 520 Eishockeyschläger

Anzahlen der in einem Jahr verkauften Schläger:

Firma A: 349,2a Tennisschläger

        = $349,2 \cdot 60$ Tennisschläger

        = 20 952 Tennisschläger

Firma B: 288(a + 30) Hockeyschläger

        = 288(60 + 30) Hockeyschläger

        = 25 920 Hockeyschläger

Firma C: 411,6(a + 10) Tischtennisschläger

        = 411,6(60 + 10) Tischtennisschläger

        = 28 812 Tischtennisschläger

Firma D: 273,6(a - 20) Eishockeyschläger

        = 273,6(60 - 20) Eishockeyschläger

        = 10 944 Eishockeyschläger

[171] Firma A stellt Personenwagen, Firma B Segelboote und
Firma C Motorräder her.
Der folgenden Darstellung kann die Monatsproduktion ent-
nommen werden:

Firma A	Firma B	Firma C
$\triangleq$ a Wagen	$\triangleq$ 2a Boote	$\triangleq$ 3a Räder

a) Wie viele Personenwagen stellt Firma A, wie viele
   Segelboote Firma B und wie viele Motorräder Firma
   C in einem Jahr her?
b) Firma A kann 4 %, Firma B 5 % und Firma C 7 % seiner
   Jahresproduktion nicht verkaufen.
   Wie viele Personenwagen, Segelboote und Motorräder
   können in diesem Jahr verkauft werden?
c) Welche Werte ergeben sich jeweils für a = 100?

[172] In einer Keramikfabrik werden in Abteilung A Teller, in
Abteilung B Tassen und in Abteilung C Kannen hergestellt.
Der folgenden Darstellung kann die Vierteljahresproduk-
tion entnommen werden:

Abteilung A	Abteilung B	Abteilung C
$\triangleq$ a Teller	$\triangleq$ (a + 400) Tassen	$\triangleq$ (a - 800) Kannen

a) Wie viele Teller, Tassen und Kannen werden in den
   verschiedenen Abteilungen in einem Jahr hergestellt?
b) Es können 84 % der Teller, 72 % der Tassen und 96 %
   der Kannen verkauft werden.
   Wie viele Teller, Tassen und Kannen sind unverkäuflich?
c) Welche Werte ergeben sich jeweils für a = 2 000?

*[173] In einer Fahrradfabrik werden im Werk A Herrenräder, im Werk B Damenräder und im Werk C Kinderräder hergestellt. Der folgenden Darstellung kann die Dritteljahresproduktion entnommen werden:

Werk A	Werk B	Werk C
🚲🚲🚲🚲🚲 🚲🚲🚲🚲🚲 🚲🚲🚲🚲🚲	🚲🚲🚲🚲🚲 🚲🚲🚲🚲🚲 🚲🚲🚲🚲🚲	🚲🚲🚲🚲🚲 🚲🚲🚲🚲🚲 🚲🚲🚲🚲🚲
🚲 ≙ 20a Herren- rädern	🚲 ≙ 30a Damen- rädern	🚲 ≙ 50a Kinder- rädern

a) Wie viele Herrenräder, Damenräder und Kinderräder werden in einem Monat hergestellt?

b) Bei den Herrenrädern werden 16 % der Jahresproduktion, bei den Damenrädern 15 % und bei den Kinderrädern 12 % exportiert.
Wie viele Herrenräder, Damenräder und Kinderräder werden jährlich im Inland verkauft?

c) Welche Werte ergeben sich für a = 240?

2   LÖSUNGSMENGE EINER GLEICHUNG

2.1   BELEGEN DER VARIABLEN EINES TERMS

14. MUSTERAUFGABE:

Vorgegeben ist der Term

$T(x) = 2(x - 5) + x(2x + 3)$

mit der Variablen x.

Setzt man für die Variable x die Zahl 1 ein (belegt man die Variable x mit der Zahl 1), so entsteht die Zahl $T(x=1)$ oder kurz $T(1)$ geschrieben (gelesen: "T von 1" bzw. "T für die Einsetzung von 1").

Berechne $T(1)$, $T(-3)$, $T(5)$ und $T(0)$.

Lösung:

$T(1) = 2(1 - 5) + 1(2 \cdot 1 + 3) = 2 \cdot (-4) + 1 \cdot 5 = -8 + 5$

$= -3$

$T(-3) = 2 \cdot (-3 - 5) + (-3) \cdot [2 \cdot (-3) + 3] = 2 \cdot (-8) + (-3) \cdot (-3) = -16 + 9$
$ = -7$
$T(5) = 2(5 - 5) + 5(2 \cdot 5 + 3) = 2 \cdot 0 + 5 \cdot 13 = 0 + 65$
$ = 65$
$T(0) = 2(0 - 5) + 0(2 \cdot 0 + 3) = 2 \cdot (-5) + 0 \cdot 3 = -10 + 0$
$ = -10$

[174] Vorgegeben ist der Term $T(x) = 3x + 9$.
Berechne $T(0)$, $T(4)$, $T(-3)$ und $T(111)$.

[175] Vorgegeben ist der Term $T(x) = -6x + 1$.
Berechne $T(0)$, $T(8)$, $T(-5)$ und $T(909)$.

[176] Vorgegeben ist der Term $T(x) = -7(x - 3) + 14$.
Berechne $T(0)$, $T(3)$, $T(20)$ und $T(-5)$.

[177] Vorgegeben ist der Term $T(x) = -3(x + 2)^2 + 4x$.
Berechne $T(0)$, $T(-2)$, $T(2)$ und $T(7)$.

[178] Vorgegeben ist der Term $T(x) = -2x^2 + 6x + 4$.
Berechne $T(0)$, $T(2)$, $T(4)$ und $T(1,5)$.

[179] Vorgegeben ist der Term $T(x) = x^4 - 2x^2 + 3$.
Berechne $T(0)$, $T(1)$, $T(2)$ und $T(-2)$.

[180] Vorgegeben ist der Term $T(x) = x^3 + 7x^2 - 20x - 13$.
Berechne $T(0)$, $T(1)$, $T(-1)$ und $T(2)$.

*[181] Vorgegeben ist der Term $T(x) = 2(x + 1)(x - 2) + 3(x - 7)$.
Berechne $T(0)$, $T(-1)$, $T(11)$ und $T(-20)$.

*[182] Vorgegeben ist der Term $T(x) = (2x + 3)(x + 9) - (4x + 1)$.
Berechne $T(0)$, $T(2)$, $T(-3)$ und $T(4)$.

*[183] Vorgegeben ist der Term $T(x) = (x + 3)(x - 4)(x + 1) - 11$.
Berechne $T(0)$, $T(-1)$, $T(3)$ und $T(-3)$.

*[184] Vorgegeben ist der Term $T(x) = (x^2 + 1)(x - 5)$.
Berechne $T(0)$, $T(1)$, $T(-2)$ und $T(5)$.

*[185] Vorgegeben ist der Term $T(x) = (x^2 - 2)(x^2 + 1) - 10$.
Berechne $T(2)$, $T(4)$, $T(6)$ und $T(8)$.

*[186] Vorgegeben ist der Term $T(x) = x^6 - 1$.
Berechne $T(2)$ und $T(3)$.

*[187] Vorgegeben ist der Term $T(x) = 1 - x^{10}$.
Berechne $T(1)$ und $T(2)$.

* [188] Vorgegeben ist der Term $T(x) = x^5 + x^2 - 3$.
       Berechne $T(0)$ und $T(-2)$.
* [189] Vorgegeben ist der Term $T(x) = x^6 - x^4 + 5$.
       Berechne $T(0)$ und $T(3)$.
* [190] Vorgegeben ist der Term $T(x) = x^5 + x^4 - x^3$.
       Berechne $T(-1)$ und $T(-3)$.

2.2   WAHRHEITSWERTE VON AUSSAGEN

15. MUSTERAUFGABE:

Entscheide, ob die folgenden Aussagen jeweils wahr (w) oder
falsch (f) sind.

a) $2(3 + 4) - 7 = 7$

b) $(-2) - (-2 + 3) = -12 - (-15)$

c) $7 \cdot (-2) + 3 \cdot 14 > 28$

Lösung:

a) Es ist

   $2(3 + 4) - 7 = 2 \cdot 7 - 7 = 14 - 7 = 7$,

   daher ist die Aussage "$2(3 + 4) - 7 = 7$" wahr.

b) Einerseits ist

   $(-2) - (-2 + 3) = -2 - 1 = -3$.

   Andererseits ist

   $-12 - (-15) = -12 + 15 = +3$.

   Wegen $-3 \neq +3$ ist die Aussage

   "$(-2) - (-2 + 3) = -12 - (-15)$" falsch.

c) Es ist

   $7 \cdot (-2) + 3 \cdot 14 = -14 + 42 = 28$,

   daher ist die Aussage "$7 \cdot (-2) + 3 \cdot 14 > 28$" falsch.

Überprüfe die folgenden Aussagen daraufhin, ob sie wahr oder
falsch sind.

[191] $3 - (7 - 5) = (3 - 7) - 5$

[192] $3^2 - 3 \cdot 2 \neq 2^3 - 2 \cdot 3$

[193] $27 - (-4) > 27 + 2$

[194] $2[-3 + 5(4 - 6)] = 7(-3) - (-5)$

[195] $120 : (12 \cdot 5) \neq (120 : 12) \cdot 5$

2.3 LÖSUNGSMENGE EINER GLEICHUNG BEZÜGLICH EINER GRUNDMENGE G

16. MUSTERAUFGABE:

Grundmenge sei G = {1; 2; 3; 4; 5; 6}.

Bestimme die Lösungsmenge von $x^3 - 11x^2 = 40 - 38x$.

Lösung:

Wir kennen noch kein Verfahren, eine solche Gleichung "mecha-
nisch" zu lösen. Dies ist aber auch nicht notwendig, denn da
die Grundmenge endlich ist (nur aus sechs Elementen besteht),
kann man hier einfach alle Elemente der Grundmenge nacheinander daraufhin überprüfen, ob sie Lösungselemente der vorgegebenen Gleichung sind.

Wir nennen

$T_l(x) = x^3 - 11x^2$ den linken Term

und

$T_r(x) = 40 - 38x$ den rechten Term

der vorgegebenen Gleichung.

Überprüfung des Elementes 1 der Grundmenge:

$$
\begin{aligned}
T_l(1) &= 1^3 - 11 \cdot 1^2 & T_r(1) &= 40 - 38 \cdot 1 \\
&= 1 - 11 & &= 40 - 38 \\
&= -10 & &= 2.
\end{aligned}
$$

Da "$-10 = 2$" eine falsche Aussage ist, ist 1 kein Lösungselement der vorgegebenen Gleichung.

Überprüfung des Elementes 2 der Grundmenge:

$$
\begin{aligned}
T_l(2) &= 2^3 - 11 \cdot 2^2 & T_r(2) &= 40 - 38 \cdot 2 \\
&= 8 - 44 & &= 40 - 76 \\
&= -36 & &= -36
\end{aligned}
$$

Da "$-36 = -36$" eine wahre Aussage ist, ist 2 ein Lösungselement der vorgegebenen Gleichung.

Überprüfung des Elementes 3 der Grundmenge:

$$
T_l(3) = 3^3 - 11 \cdot 3^2 \qquad T_r(3) = 40 - 38 \cdot 3
$$

$$= 27 - 99 \qquad\qquad = 40 - 114$$
$$= -72 \qquad\qquad\qquad = -74$$

Da "-72 = -74" eine falsche Aussage ist, ist 3 kein Lösungselement der vorgegebenen Gleichung.

Überprüfung des Elementes 4 der Grundmenge:

$$T_l(4) = 4^3 - 11 \cdot 4^2 \qquad\qquad T_r(4) = 40 - 38 \cdot 4$$
$$= 64 - 176 \qquad\qquad\qquad\quad = 40 - 152$$
$$= -112 \qquad\qquad\qquad\qquad = -112$$

Da "-112 = -112" eine wahre Aussage ist, ist 4 ein Lösungselement der vorgegebenen Gleichung.

Überprüfung des Elementes 5 der Grundmenge:

$$T_l(5) = 5^3 - 11 \cdot 5^2 \qquad\qquad T_r(5) = 40 - 38 \cdot 5$$
$$= 125 - 275 \qquad\qquad\qquad\quad = 40 - 190$$
$$= -150 \qquad\qquad\qquad\qquad = -150$$

Da "-150 = -150" eine wahre Aussage ist, ist 5 ein Lösungselement der vorgegebenen Gleichung.

Überprüfung des Elementes 6 der Grundmenge:

$$T_l(6) = 6^3 - 11 \cdot 6^2 \qquad\qquad T_r(6) = 40 - 38 \cdot 6$$
$$= 216 - 396 \qquad\qquad\qquad\quad = 40 - 228$$
$$= -180 \qquad\qquad\qquad\qquad = -188$$

Da "-180 = -188" eine falsche Aussage ist, ist 6 kein Lösungselement der vorgegebenen Gleichung.

Die Überprüfung aller Elemente der Grundmenge G hat ergeben, daß nur die Elemente 2, 4 und 5 Lösungselemente der vorgegebenen Gleichung sind; somit besitzt die Gleichung $x^3 - 11x^2 = 40 - 38x$ bezüglich der Grundmenge G $= \{1; 2; 3; 4; 5; 6\}$ die Lösungsmenge L $= \{2; 4; 5\}$.

In den folgenden Aufgaben ist jeweils eine Grundmenge G und eine Gleichung vorgegeben.
Bestimme jeweils die Lösungsmenge der Gleichung bezüglich der Grundmenge G.

[196]   G = {1; 3; 5; 7}   ; $x^2 + 21 = 10x$
[197]   G = {1; 2; 3; 4}   ; $x^2 = 9$
[198]   G = {-4; -3; -2; -1; 0; 1; 2; 3; 4}   ; $x^2 = 9$

[199] G = {0; 1; 2; 3}   ; $(x - 1)(x + 2) = 0$

[200] G = {0; 1; 2; 3}   ; $x(x - 1)(x + 3) = 0$

[201] G = {0; 1; 2; 3}   ; $x(x + 1)(x - 3) = 0$

[202] G = {-3; -2; -1; 0; 1; 2; 3}   ; $(x^2 + 1)(x^2 - 4) = 0$

[203] G = {-2; -1; 0; 1; 2}   ; $x^3 - 2 = 2x^2 - x$

[204] G = {-2; -1; 0; 1; 2}   ; $-2x^2 + x + 2 = x^3$

[205] G = {-2; -1; 0; 1; 2}   ; $5x^3 - 4x = x^5$

[206] G = {-2; -1; 0; 1; 2}   ; $7x + 3 > 9$

[207] G = {0; 1; 2; 3; 4; 5}   ; $x^2 - 4 < 2x + 2$

[208] G = {-2; -1; 0; 1; 2}   ; $(x - 1)(x + 1) > 0$

[209] G = {1; 2; 3; 5; 7}   ; $(x - 3)^2 < 2$

[210] G = {1; 3; 5; 7; 9}   ; $x^2 - 5x + 6 \le 0$

[211] G sei die Menge der einstelligen Primzahlen;
   $x^2 + 35 = 12x$

[212] G sei die Menge der einstelligen Quadratzahlen;
   $x^2 - 7 < 5x + 2$

[213] G sei die Menge der zweistelligen Quadratzahlen;
   $40x - 144 \le x^2$

[214] G sei die Menge der einstelligen Primzahlen;
   $9x + 8 \le 5x^2 - 10$

[215] G sei die Menge $\mathbb{Z}$ der ganzen Zahlen;
   $(x - 5)^2 \le 0$

2.4   ÄQUIVALENZ VON GLEICHUNGEN

Zugrunde liegen zwei Gleichungen bezüglich der gleichen
Grundmenge. Die beiden Gleichungen heißen äquivalent (bezüglich dieser Grundmenge), wenn beide Gleichungen die
gleiche Lösungsmenge haben.

17. MUSTERAUFGABE:
Untersuche, welche der folgenden Gleichungen jeweils bezüglich
der Grundmenge G äquivalent sind:
a) G = {1; 2; 3; 4} ; $2x + 4 = 10$, $3(x + 1) = 12$

b) $G = \mathbb{Z}$, $x = 6$; $x^2 = 36$

c) $G = \mathbb{N}$, $x = 6$; $x^2 = 36$

Lösung:

a) $2x + 4 = 10$ hat $L_1 = \{3\}$; $3(x + 1) = 12$ hat $L_2 = \{3\}$.
Wegen $L_1 = L_2$ sind beide Gleichungen äquivalent.

b) $x = 6$ hat bezüglich der Grundmenge $\mathbb{Z}$ die Lösungsmenge
$L_3 = \{6\}$; $x^2 = 36$ hat bezüglich $\mathbb{Z}$ die Lösungsmenge
$L_4 = \{-6; 6\}$.
Wegen $L_3 \neq L_4$ sind die beiden Gleichungen bezüglich $\mathbb{Z}$
nicht äquivalent.

c) $x = 6$ hat bezüglich der Grundmenge $\mathbb{N}$ die Lösungsmenge
$L_5 = \{6\}$; $x^2 = 36$ hat bezüglich $\mathbb{N}$ die Lösungsmenge
$L_6 = \{6\}$.
Wegen $L_5 = L_6$ sind die beiden Gleichungen bezüglich $\mathbb{N}$
äquivalent.

Anmerkung:

Der Vergleich der zweiten und dritten Teilaufgabe belegt,
daß bei der Frage nach der Äquivalenz auf die Grundmenge
nicht verzichtet werden kann.

In den folgenden Aufgaben sind jeweils eine Grundmenge und
zwei Gleichungen bzw. zwei Ungleichungen bzw. eine Gleichung
und eine Ungleichung vorgegeben.
Entscheide jeweils, ob Äquivalenz vorliegt.

[216] $G = \{0; 1; 2; 3; 4\}$;
$(x - 2)(x - 4) = 0$, $x^2 + 2x - 8 = 0$

[217] $G = \{0; 1; 2; 3; 4\}$;
$(x + 3)(x - 2) = 0$, $x^2 + 6x - 16 = 0$

[218] $G = \{-3; -2; -1; 0; 1; 2; 3\}$;
$(x + 3)(x - 2) = 0$, $x^2 + 6x - 16 = 0$

[219] $G = \{0; 1; 2; 3\}$;
$x^2 - 4x + 3 = 0$, $x(x^2 - 4x + 3) = 0$

[220] $G = \{-2; -1; 0; 1; 2\}$;
$7x = -14$, $-14x = 28$

[221] G = $\mathbb{N}$;

$\qquad$ 3x + 5 = 20 , x² = 25 $\qquad$ [222] G = $\mathbb{Z}$;

$\qquad\qquad\qquad\qquad\qquad\qquad$ 3x + 5 = 20 , x² = 25

[223] G = {-1; 0; 1};

$\qquad$ x² = 1 , x < 2

[224] G = {-2; -1; 0; 1; 2};

$\qquad$ 3(x + 2) < 4x + 5 , 2x + 7 < 3(x + 2)

*[225] G = {0; 1; 2; 3};

$\qquad$ 2x - 4 = x - 2 , $\dfrac{2x - 4}{x - 2}$ = 1

2.5 ÄQUIVALENZUMFORMUNGEN VON GLEICHUNGEN

18. MUSTERAUFGABE:

a) Definiere den Begriff "Äquivalenzumformung einer Gleichung".

b) Bestimme bezüglich der Grundmenge $\mathbb{Q}$ unter Anwendung von Äquivalenzumformungen die Lösungsmenge der Gleichung
$\qquad$ -2x + 5 = 17.

Lösung:

a) Formt man eine Gleichung so um, daß die dadurch entstehende neue Gleichung bezüglich der vorgegebenen Grundmenge
die gleiche Lösungsmenge wie die Ausgangsgleichung besitzt,
so heißt die Umformung "Äquivalenzumformung".
(Die neue Gleichung heißt dann zur Ausgangsgleichung
äquivalent.)

b) -2x + 5 = 17

$\qquad$ -2x + 5 = 17 | +(-5)

$\qquad$ -2x + 5 - 5 = 17 - 5

$\qquad$ -2x = 12

Addiert man zu beiden Termen einer Gleichung die gleiche
Zahl, hier -5, so entsteht eine äquivalente Gleichung.

$\qquad$ -2x = 12 | ·(-0,5)

$\qquad$ -2x·(-0,5) = 12·(-0,5)

$\qquad$ x = -6

Multipliziert man beide Terme einer Gleichung mit der
gleichen von Null verschiedenen Zahl, hier -0,5, so ent-

steht eine äquivalente Gleichung.

Daß die Gleichung

x = -6

die Lösungsmenge L = {-6} hat, ist offensichtlich.

Dann hat aber auch die zu x = -6 äquivalente Gleichung

-2x + 5 = 17

die Lösungsmenge L = {-6}.

In den folgenden Aufgaben wird jeweils die Lösungsmenge einer Gleichung bestimmt. Gib die dabei angewandten Äquivalenzumformungen an. Grundmenge sei stets die Menge $\mathbb{Q}$.

[226] $2x - 17 = 33$	(1)	[227] $3x + 15 = 9$	(1)
$2x = 50$	(2)	$3x = -6$	(2)
$x = 25$	(3)	$x = -2$	(3)
$L = \{25\}$		$L = \{-2\}$	

[228] $\frac{1}{3}x + 7 = 9$	(1)	[229] $\frac{2}{3}x - 7 = 1$	(1)
$\frac{1}{3}x = 2$	(2)	$2x - 21 = 3$	(2)
$x = 6$	(3)	$2x = 24$	(3)
$L = \{6\}$		$x = 12$	(4)
		$L = \{12\}$	

[230] $5x + 5 = 3x - 15$	(1)	[231] $2x + 5 = 20 - 3x$	(1)
$2x + 5 = -15$	(2)	$5x + 5 = 20$	(2)
$2x = -20$	(3)	$5x = 15$	(3)
$x = -10$	(4)	$x = 3$	(4)
$L = \{-10\}$		$L = \{3\}$	

19. MUSTERAUFGABE:

Bestimme bezüglich der Grundmenge $\mathbb{Q}$ unter Anwendung von Äquivalenzumformungen die Lösungsmenge der Gleichung

$2(x + 3) - 5(x - 7) - x(5 - 17) = \frac{1}{3}(x + 84)$.

Beschreibe die bei den einzelnen Schritten benutzten Äquivalenzumformungen:

$2(x + 3) - 5(x - 7) - x(5 - 17) = \frac{1}{3}(x + 84)$ (1)

$$2x + 6 - 5x + 35 + 12x = \frac{1}{3}(x + 84) \tag{2}$$

$$9x + 41 = \frac{1}{3}(x + 84) \tag{3}$$

$$27x + 123 = x + 84 \tag{4}$$

$$26x = -39 \tag{5}$$

$$x = -1,5 \tag{6}$$

$$L = \{-1,5\}$$

Lösung:

(1) nach (2): Der linke Term wird durch einen äquivalenten Term ersetzt. Zwei Terme heißen äquiavlent, wenn sie bei jeder Belegung der Variablen mit jeweils dem gleichen Element der Grundmenge den gleichen Wert annehmen.

(2) nach (3): Der linke Term wird durch einen äquivalenten Term ersetzt.

(3) nach (4): Beide Terme werden mit 3 multipliziert.

(4) nach (5): Zu beiden Termen wird −123−x addiert.

(5) nach (6): Beide Terme werden mit $\frac{1}{26}$ multipliziert.

In den folgenden Aufgaben wird jeweils die Lösungsmenge einer Gleichung bestimmt. Beschreibe die dabei angewandten Äquivalenzumformungen. Grundmenge sei stets die Menge Q.

[232]
$$7(x + 2) - 3 = 3x - 1 \tag{1}$$
$$7x + 14 - 3 = 3x - 1 \tag{2}$$
$$7x + 11 = 3x - 1 \tag{3}$$
$$4x + 11 = -1 \tag{4}$$
$$4x = -12 \tag{5}$$
$$x = -3 \tag{6}$$
$$L = \{-3\}$$

[233]
$$7(x + 2) - 3(x - 5) = 3(x + 2) + 24 \tag{1}$$
$$7x + 14 - 3x + 15 = 3x + 6 + 24 \tag{2}$$
$$4x + 29 = 3x + 30 \tag{3}$$
$$x + 29 = 30 \tag{4}$$
$$x = 1 \tag{5}$$
$$L = \{1\}$$

[234] $\frac{1}{2}x - \frac{2}{3} = 2x + \frac{3}{4}$ (1) [235] $2x + \frac{3}{4} = \frac{1}{2}x - \frac{3}{4}$ (1)

$6x - 8 = 24x + 9$ (2) $\frac{3}{2}x = -\frac{3}{2}$ (2)

$-17 = 18x$ (3) $x = -1$ (3)

$-\frac{17}{18} = x$ (4) $L = \{-1\}$

$x = -\frac{17}{18}$ (5)

$L = \left\{-\frac{17}{18}\right\}$

3 LINEARE GLEICHUNGEN (GLEICHUNGEN 1. GRADES)
3.1 ERMITTELN DER LÖSUNGSMENGE EINER LINEAREN GLEICHUNG

20. MUSTERAUFGABE:

Bestimme jeweils die Lösungsmenge der Gleichung, Grundmenge
sei stets die Menge Q.

a) $x = 7$

b) $x - 13 = 10$

c) $-5x = 70$

Lösung:

a) $x = 7$

Nur wenn für x die Zahl 7 eingesetzt wird (nur wenn man
die Variable x mit der Zahl 7 belegt), ergibt sich eine
wahre Aussage (in diesem Fall die wahre Aussage "7 = 7").
Daher liest man aus der Gleichung x = 7 sofort die Lösungsmenge ab: $L = \{7\}$.

Anmerkung:

Mit Hilfe von Äquivalenzumformungen (Umformungen, welche
die Lösungsmenge bezüglich der vorgegebenen Grundmenge
nicht verändern) versucht man, die jeweils vorgegebene
Gleichung in die Form des obigen Beispiels überzuführen.
Dann kann die Lösungsmenge sofort abgelesen werden.

b) $x - 13 = 10$ $\mid + 13$

$x - 13 + 13 = 10 + 13$

$$x + 0 = 23$$
$$x = 23$$
$$L = \{23\}$$

c) $-5x = 70 \quad | \; :(-5)$

$$\frac{-5x}{-5} = \frac{70}{-5}$$
$$x = -14$$
$$L = \{-14\}$$

Bstimme in den folgenden Aufgaben jeweils die Lösungsmenge. Grundmenge sei stets die Menge $\mathbb{Q}$.

[236] $x + 2 = 7$ [237] $x - 1 = 8$

[238] $x + 17 = -3$ [239] $x - 7 = -3$

[240] $17x = 391$ [241] $3x = -150$

[242] $\frac{1}{4}x = -72$ [243] $\frac{1}{3}x = 100$

[244] $-\frac{1}{4}x = 10$ [245] $-\frac{2}{5}x = -4$

21. MUSTERAUFGABE:

Bestimme jeweils die Lösungsmenge der Gleichung, Grundmenge sei stets die Menge $\mathbb{Q}$.

a) $4x - 3 = 25$

b) $-\frac{1}{7}x + 3 = 0$

Lösung:

a) Erster Weg:

$$4x - 3 = 25 \quad | +3$$
$$4x = 28 \quad | :4$$
$$x = 7$$
$$L = \{7\}$$

Zweiter Weg:

$$4x - 3 = 25 \quad | :4$$
$$x - \frac{3}{4} = \frac{25}{4} \quad | +\frac{3}{4}$$
$$x = \frac{28}{4}$$
$$x = 7$$
$$L = \{7\}$$

b) Erster Weg:

$$-\frac{1}{7}x + 3 = 0 \quad | \cdot(-7)$$

Zweiter Weg:

$$-\frac{1}{7}x + 3 = 0 \quad | -3$$

$$x - 21 = 0 \quad | +21 \qquad\qquad -\frac{1}{7}x = -3 \quad | \cdot (-7)$$

$$x = 21 \qquad\qquad\qquad\qquad\quad x = 21$$

$$L = \{21\} \qquad\qquad\qquad\qquad L = \{21\}$$

Bestimme in den folgenden Aufgaben jeweils die Lösungsmenge.
Grundmenge sei stets die Menge Q.

[246] $5x - 13 = 17$ [247] $2x + 11 = 35$

[248] $12x - 9 = 51$ [249] $7x - 77 = 7\ 777$

[250] $2x - 9 = 13$ [251] $12x + 17 = 17$

[252] $7x - 42 = 42$ [253] $250x + 1\ 750 = 1\ 500$

[254] $-3x - 5 = 31$ [255] $4 = 10 - x$

[256] $1 = 13 - 6x$ [257] $\frac{1}{7}x + \frac{3}{7} = 0$

[258] $-\frac{2}{5}x - 3 = 2\frac{3}{5}$ [259] $\frac{12}{7} - x = \frac{5}{7}$

[260] $\frac{2}{3}x - \frac{1}{2} = \frac{1}{6}$ [261] $7x + \frac{1}{3} = 5$

[262] $\frac{2}{5}x - \frac{2}{3} = 5\frac{1}{3}$ [263] $\frac{3}{4} + 2x - \frac{3}{8} = \frac{3}{8}$

[264] $\frac{1}{4}x + 1\frac{1}{2} = \frac{7}{4}$ [265] $-\frac{1}{6}x - \frac{2}{3} = \frac{4}{3}$ $[-12] DW$

22. MUSTERAUFGABE:

Bestimme jeweils die Lösungsmenge der Gleichung, Grundmenge
sei stets die Menge Q.

a) $3x - 4 = 12x + 23$

b) $100 + 2x + 15 - 9x = 5 - 7x + 22 - 11x$

Lösung:

a) Durch Äquivalenzumformung bringen wir alle Summanden mit
einer Variablen auf eine Seite der Gleichung und alle
Summanden ohne Variable auf die andere Seite der Gleichung:

$$3x - 4 = 12x + 23 \quad | -12x + 4$$

$$-9x = 27 \qquad\qquad | :(-9)$$

$$x = -3$$

$$L = \{-3\}$$

b) Man vereinfacht zunächst den linken und den rechten Term
   der Gleichung jeweils für sich allein:

$$100 + 2x + 15 - 9x = 5 - 7x - 22 - 11x$$

$$-7x + 115 = -18x - 17 \qquad | +18x - 115$$

$$11x = -132 \qquad | :11$$

$$x = -12$$

$$L = \{-12\}$$

Bestimme in den folgenden Aufgaben jeweils die Lösungsmenge.
Grundmenge sei stets die Menge $\mathbb{Q}$.

[266] $30x = 93 - x$ [267] $11x = 5x - 36$

[268] $3x = 17x + 182$ [269] $56 - 11x = 3x$

[270] $7x - 7 = 17 - x$ [271] $19 - x = -10x + 100$

[272] $8x - 7 + x = 9x - 3 - 4x$

[273] $14 + x - 8x - 3x - 5 + x = 0$

[274] $1 - 6x - 11 - 4x - 5 - 2x + 7 + 8 = 0$

[275] $12x - 6 + 8x - 10 + 4x - 8 = 0$

[276] $13 + 12x + 11 - 10x = 10x - 11 - 12x - 13$

[277] $7x + 3 - 5x = 5x - 37 + 7$

[278] $13x - 27 + 2x + 8 = 14x + 6 - 10x - 3$

[279] $9x - 848 + 2x - 147 = 3x + 648 - 2x - 633$

[280] $2222 + 222,2 + 22,22 + 2,222 = 44,44x$

[281] $0,8x - 217 + 8 = 0,6x - 104 - 5$

[282] $3 + 2,25x + 2,6 = 2x + 5 + 0,4x$

[283] $0,17x - 124 + 0,01x = 0,42x - 394 + 0,03x$ $[2,22]\,Dw$

[284] $5x + 3,48 - 2,35x = 5,381 - 2,9x + 10,42$

[285] $0,1x + 0,2 - 1,1x - 1,2 + 2,1x + 2,2 - 3,1x - 3,2 + 4,1x$ Dw
   $= -4,1$ $[-1]$

23. MUSTERAUFGABE:
Bestimme jeweils die Lösungsmenge der Gleichung, Grundmenge
sei stets die Menge $\mathbb{Q}$.

a) $2(x + 3) - 5(2x - 5) = 9 + 3(2 - 4x)$

b) $\dfrac{x - 2}{5} - \dfrac{3x - 17}{8} = \dfrac{1}{2}$

Lösung:

a) Wir vereinfachen zunächst beide Terme der Gleichung jeweils für sich allein:

$$2(x + 3) - 5(2x - 5) = 9 + 3(2 - 4x)$$
$$2x + 6 - 10x + 25 = 9 + 6 - 12x$$
$$-8x + 31 = -12x + 15$$

Danach bringt man alle Summanden mit Variablen auf die
eine Seite der Gleichung und alle Summanden ohne Variablen
auf die andere Seite der Gleichung:

$$-8x + 31 = -12x + 15 \quad | +12x - 31$$
$$4x = -16 \quad | : 4$$
$$x = -4$$
$$L = \{-4\}$$

b) Wir multiplizieren zunächst beide Terme der Gleichung mit
dem kleinsten gemeinsamen Vielfachen der Nenner, danach
wird in nun schon bekannter Weise äquivalent umgeformt:

$$\frac{x - 2}{5} - \frac{3x - 17}{8} = \frac{1}{2} \quad | \cdot 40$$
$$8(x - 2) - 5(3x - 17) = 20$$
$$8x - 16 - 15x + 85 = 20$$
$$-7x + 69 = 20 \quad | -69$$
$$-7x = -49 \quad | : (-7)$$
$$x = 7$$
$$L = \{7\}$$

Bestimme in den folgenden Aufgaben jeweils die Lösungsmenge.
Grundmenge sei stets die Menge $\mathbb{Q}$.

[286] $x - (7 - x) = 11$ [287] $27 - (18 - x) = 8 + 2x - 1$

[288] $3x + 3 - (2 - 4x) + 13 = 0$

[289] $5(x - 5) = x - 9$ [290] $4(10 - 2x) - 3(x - 5) = 0$

[291] $3(9 - 2x) - 5(2x - 9) = 0$

[292] $7(4x - 3) + 3(7 - 8x) = 1$

[293] $8(3x - 2) - 5(12 - 3x) = x$

[294] $5(x - 3) + 7(3x - 6) + 4(17 - x) = 11$

[295] $6(x - 2) = 2(x + 1) + 2$

44

[296] $6x - 7(12 - x) = 4x - 3(20 - x)$

[297] $56 - (2 + 3x) = 5x - [4 - (6 - 7x)] + x$

[298] $23x - (16 + 15x) = 34 - [7x - (48 - 13x)]$

[299] $4(x - 7) - 2[3x - (12 - 7x)] = 2x - 4$

[300] $8(3x - 2) - 13x = 5(12 - 3x) + 7x$

[301] $7(3 - 2x) - 2(4x - 6) - 3(2x - 25) + 16x = 0$

[302] $4(6x + 3) - 10(2x + 3) = 6(6x - 1) - 15(2x + 2)$

[303] $5(4x - 1) = 7(4x + 3) - 15(6x - 2) - 2x$

[304] $2(3x - 7) - 5(10x - 3) + 3(4 - 6x) = 44$

[305] $x = 1 + \frac{x}{2} + \frac{x}{4} + \frac{x}{8} + \frac{x}{16} + \frac{x}{32}$

[306] $\frac{x}{64} = 1 - \frac{x}{2} - \frac{x}{4} - \frac{x}{8} - \frac{x}{16} - \frac{x}{32} - \frac{x}{64}$

[307] $\frac{1}{2}x - \frac{1}{3}x + \frac{1}{4}x - \frac{1}{6}x + \frac{1}{8}x + \frac{1}{12}x = 11$

[308] $\frac{x}{2} + \frac{3}{4}x - \frac{2}{3}x - \frac{3}{5}x = -\frac{5}{3}$

[309] $\frac{x + 11}{6} = x - 4(x - 6)$

[310] $\frac{x + 4}{14} + \frac{x - 4}{6} = 2$

[311] $\frac{5(5 + 2x)}{14} + \frac{8(9 - 2x)}{21} = 4\frac{5}{6}$

[312] $\frac{4x + 6}{3} + \frac{9x - 1}{4} = \frac{11 - x}{2} + \frac{10 - 8x}{6}$

[313] $\frac{3(2 - x)}{2} = \frac{2(x - 5)}{3} + x$

[314] $\frac{x + 4}{3} - \frac{x - 4}{5} = 2 + \frac{3x - 1}{15}$

[315] $\frac{4(2x + 1)}{51} + \frac{2(11x - 3)}{170} = 2\frac{1}{3}$

24. MUSTERAUFGABE:

Grundmenge sei die Menge Q. Bestimme jeweils die Lösungsmenge der Gleichung und führe anschließend die Probe durch.

a) $3x - 7 = -5x + 5$

b) $2(x - 1) - 3(x + 7) + 5(x + 1) = 2$

Lösung:

a) $3x - 7 = -5x + 5 \qquad | + 5x + 7$

$\qquad 8x = 12 \qquad\qquad | : 8$

$\qquad x = 1,5$

Probe:

Bei der Probe wird untersucht, ob 1,5 tatsächlich ein Lösungselement ist.

Dazu belegt man die Variable x des linken Terms

$T_1(x) = 3x - 7$

und die Variable x des rechten Terms

$T_r(x) = -5x + 5$

jeweils mit dem Wert 1,5.

Es entsteht dadurch die Aussage "$T_1(1,5) = T_r(1,5)$".

Ist diese Aussage wahr, so ist 1,5 ein Lösungselement der vorgegebenen Gleichung.

$\begin{aligned} T_1(1,5) &= 3 \cdot 1,5 - 7 \\ &= 4,5 - 7 \\ &= -2,5 \end{aligned}$ $\qquad\qquad \begin{aligned} T_r(1,5) &= (-5) \cdot 1,5 + 5 \\ &= -7,5 + 5 \\ &= -2,5 \end{aligned}$

Die Aussage "-2,5 = -2,5" ist wahr, deshalb ist 1,5 ein Lösungselement der vorgegebenen Gleichung; $L = \{1,5\}$.

b) $2(x - 1) - 3(x + 7) + 5(x + 1) = 2$

$\qquad 2x - 2 - 3x - 21 + 5x + 5 = 2$

$\qquad\qquad\qquad 4x - 18 = 2 \qquad | + 18$

$\qquad\qquad\qquad 4x = 20 \qquad | : 4$

Probe: $\qquad\qquad\qquad x = 5$

$\begin{aligned} T_1(5) &= 2(5-1) - 3(5+7) + 5(5+1) \\ &= 2 \cdot 4 - 3 \cdot 12 + 5 \cdot 6 \\ &= 8 - 36 + 30 \\ &= 2 \end{aligned}$

$T_r(5) = 2$

"2 = 2" ist wahr, deshalb $L = \{5\}$.

Anmerkung:

Die Probe muß stets an der Ausgangsgleichung durchgeführt werden. Daß der rechte Term der zweiten Aufgabe die Variable x gar nicht enthält, erleichtert die Rechnung.

Bestimme in den folgenden Aufgaben jeweils die Lösungsmenge
und führe anschließend die Probe durch. Grundmenge sei stets
die Menge $\mathbb{Q}$.

[316] $7(x - 3) = 5x + 5$

[317] $3(x + 7) - 2(x +17) + 15 = 0$

[318] $0 = 3(x + 5) - 2(x + 15) + 17$

[319] $4(3 + 5x) - 2(6 - 5x) = 0$

[320] $100 - (x - 5) = 404$

[321] $5x - 4 - (6 - 7x) + x = 56 - (2 + 3x)$

[322] $56 - [25x - (28 + 7x)] = 31x - [14 - (2 - x)]$

[323] $36x - [55 - (23 - 2x) - 7x] = 51 - (7x - 13)$

[324] $78x - [25 + 15x - (36x - 58)] - [93x - (15 + 28x)] = 30x - 24$

[325] $7,2 - [2,5x - (5,6 + 1,7x)] = 3,1x - [3,2 - (0,8 - 0,1x)]$

25. MUSTERAUFGABE:

Grundmenge sei die Menge der positiven geraden Zahlen.
Bestimme die Lösungsmenge der Gleichung

$4x - 5 = 23$.

Lösung:

$4x - 5 = 23$ | $+5$

$\quad 4x = 28$ | $:4$

$\quad\; x = 7$

Man erhält bei der Einsetzung von 7 die wahre Aussage
"$4 \cdot 7 - 5 = 23$", trotzdem ist die Zahl 7 kein Lösungselement
dieser Gleichung, denn 7 ist zwar eine positive, aber keine
gerade Zahl und damit kein Element der vorgegebenen Grundmenge. Da sich andererseits bei keiner anderen Belegung als
der mit 7 eine wahre Aussage ergibt ($4x - 5 = 23$ und $x = 7$
sind bezüglich der Grundmenge äquivalent), gibt es kein Lösungselement. Man sagt, die Lösungsmenge ist die "leere Menge".
Die leere Menge wird mit $\emptyset$ oder mit {} bezeichnet.
Ergebnis: $L = \emptyset$.

Anmerkung:

Nur bei Vorgabe einer Gleichung und einer dazu gehörenden
Grundmenge kann die Lösungsmenge festgelegt werden.

[326] Grundmenge sei die Menge $\mathbb{N}$ der natürlichen Zahlen
(ohne die Zahl O).
Bestimme die Lösungsmenge der Gleichung
$31 + 7x = 41 - 8x$.

[327] Grundmenge sei die Menge $\mathbb{N}_0$ der natürlichen Zahlen
(mit der Zahl O).
Bestimme die Lösungsmenge der Gleichung
$3(4x - 7) + 11 = 5(3x - 2)$.

[328] Grundmenge sei die Menge $\mathbb{Z}$ der ganzen Zahlen.
Bestimme die Lösungsmenge der Gleichung
$23,7 - 4x = 13,7$.

[329] Grundmenge sei die Menge der natürlichen Zahlen.
Bestimme die Lösungsmenge der Gleichung
$0,75x + 1,45 = 1,35x - 0,95$.

[330] Grundmenge sei die Menge der Primzahlen.
Bestimme die Lösungsmenge der Gleichung
$4,2x - 3,6x = 3,6x - 15$.

[331] Grundmenge sei die Menge der Primzahlen.
Bestimme die Lösungsmenge der Gleichung
$2(x - 25) - x = 13$.

[332] Grundmenge sei die Menge der positiven geraden Zahlen.
Bestimme die Lösungsmenge der Gleichung
$3(x + 7) + 100 = 5x + 105$.

[333] Grundmenge sei die Menge der positiven rationalen
Zahlen.
Bestimme die Lösungsmenge der Gleichung
$-3(- x - 5) - 5(x - 4) = -1$.

[334] Grundmenge sei die Menge der negativen rationalen
Zahlen.
Bestimme die Lösungsmenge der Gleichung
$7(x - 3) + 3x + 26 = 0$.

[335] Grundmenge sei die Menge der einstelligen Quadratzahlen.
Bestimme die Lösungsmenge der Gleichung
$3(2x - 1) - 5x = \frac{2}{3}x$.

26. MUSTERAUFGABE:

Grundmenge sei die Menge $\mathbb{Q}$. Bestimme jeweils die Lösungsmenge der Gleichung.

a) $5(x - \frac{1}{2}) = 5x - 2,5$

b) $5(x - \frac{1}{2}) = 5x + 2,5$

Lösung:

a) $5(x - \frac{1}{2}) = 5x - 2,5$

$\quad 5x - \frac{5}{2} = 5x - 2,5 \quad | - 5x + 2,5$

$\quad\quad 0 = 0$, da $2,5 = \frac{5}{2}$ ist.

"$0 = 0$" ist eine Gleichung ohne die Variable x. Gleich-gültig, mit welchem Element der Grundmenge die Variable x belegt wird, die wahre Aussage "$0 = 0$" bleibt davon unbe-rührt.

Diese Gleichung "$0 = 0$" ist aber zur vorgegebenen Gleichung "$5(x - \frac{1}{2}) = 5x - 2,5$" äquivalent.

Daher ist jedes Element der Grundmenge ein Lösungselement dieser Gleichung.

(Eine solche Gleichung heißt allgemeingültig.)

Ergebnis: $L = \mathbb{Q}$.

b) $5(x - \frac{1}{2}) = 5x + 2,5$

$\quad 5x - \frac{5}{2} = 5x + 2,5 \quad | - 5x + \frac{5}{2}$

$\quad\quad 0 = 5$, da $\frac{5}{2} = 2,5$ ist.

"$0 = 5$" ist eine Gleichung ohne die Variable x. Gleich-gültig, mit welchem Element der Grundmenge die Variable x belegt wird, die falsche Aussage "$0 = 5$" bleibt davon unbe-rührt.

Diese Gleichung "$0 = 5$" ist aber zur vorgegebenen Gleichung "$5(x - \frac{1}{2}) = 5x + 2,5$" äquivalent.

Daher ist kein Element der Grundmenge ein Lösungselement dieser Gleichung.

(Eine solche Gleichung heißt unerfüllbar.)

$L = \emptyset$.

Bestimme in den folgenden Aufgaben jeweils die Lösungsmenge.
Grundmenge sei stets die Menge $\mathbb{Q}$.

[336] $3(x - 5) + 12 = 3(x - 1)$

[337] $7x + 3x - 8x = 0$ [338] $17x - 24x + 7x = 13$

[339] $3x + 6 + 7x = 8 - 10x + 2$

[340] $3x + (6 + 7x) = 8 - (10x + 2)$

[341] $3x - 6 + 7x = 8 + 10x - 2$

[342] $3x - (7 + 3x) = 14$ [343] $7(2x - \frac{3}{2}) = 10,5 - 14x$

[344] $6 + 5(2x - \frac{1}{2}) = 6 - 5(2x + \frac{1}{2})$

[345] $-15(3x - 1,5) = 22,5 - 45x$

[346] $(x - 7) - (13 - x) + 50 = 2x - 30$

[347] $12x - [6 - (2x - 3)] = 7x - (9 - 7x)$

[348] $2x - [3 - 2(5 - 4x)] - 7 = 6x$

[349] $2[x - 5(x + 1)] = 5(x - 2)$

[350] $x - [27 - 2(5x + 8)] = 7 - [5x - (4 - 6x)]$

[351] $\dfrac{x + 3}{4} + \dfrac{x - 1}{2} = 1$ [352] $\dfrac{x + 1}{4} - \dfrac{x - 1}{5} = \dfrac{x + 1}{20}$

[353] $\dfrac{x - 2}{2} = \dfrac{x - 2}{3}$

[354] $\dfrac{5x + 6}{3} - \dfrac{2(6x - 3)}{4} = \dfrac{-4x + 6}{3}$

[355] $\dfrac{12x - 7}{10} + \dfrac{3x + 2}{5} = x + \dfrac{3}{2} - \dfrac{9 - 4x}{5}$

3.2   LINEARE UNGLEICHUNGEN

27. MUSTERAUFGABE:

Zugrunde liegt die Grundmenge $\mathbb{Q}$. Vorgegeben sind jeweils
zwei Ungleichungen.
Beschreibe die Umformung, die die erste Ungleichung in die
zweite Ungleichung überführt.
Untersuche jeweils, ob +5 und -5 Lösungselemente sind.
Welche Umformung ist keine Äquivalenzumformung einer Ungleichung?

a) 1. Ungleichung:

   $5x - 7 > 3$

   2. Ungleichung:

   $5x > 10$

c) 1. Ungleichung:

   $-3x > 6$

   2. Ungleichung:

   $x < -2$

b) 1. Ungleichung:

   $-3x + 4 < 16$

   2. Ungleichung:

   $-3x < 12$

d) 1. Ungleichung:

   $-3x > 6$

   2. Ungleichung:

   $x > -2$

Lösung:

a) Zu beiden Termen der ersten Ungleichung wird 7 addiert.

   Zu $x = 5$:

   "$5 \cdot 5 - 7 > 3$", also "$18 > 3$" ist wahr;

   "$5 \cdot 5 > 10$" ist wahr;

   5 ist ein Lösungselement beider Ungleichungen.

   Zu $x = -5$:

   "$5 \cdot (-5) - 7 > 3$", also "$-32 > 3$" ist falsch;

   "$5 \cdot (-5) > 10$" ist falsch;

   -5 ist kein Lösungselement einer der beiden Ungleichungen.

b) Von beiden Termen der ersten Ungleichung wird 4 subtrahiert.

   Zu $x = 5$:

   "$(-3) \cdot 5 + 4 < 16$", also "$-11 < 16$" ist wahr;

   "$(-3) \cdot 5 < 12$" ist wahr;

   5 ist ein Lösungselement beider Ungleichungen.

   Zu $x = -5$:

   "$(-3) \cdot (-5) + 4 < 16$", also "$19 < 16$" ist falsch;

   "$(-3) \cdot (-5) < 12$" ist falsch;

   -5 ist kein Lösungselement einer der beiden Ungleichungen.

c) Beide Terme der ersten Ungleichung werden durch -3 dividiert
   und das Ungleichungszeichen > durch das "umgekehrte" Ungleichungszeichen < ersetzt.

   Zu $x = 5$:

   "$(-3) \cdot 5 > 6$" ist falsch;

   "$5 < -2$" ist falsch;

   5 ist kein Lösungselement einer der beiden Ungleichungen.

```
Zu x = -5:
"(-3)·(-5) > 6" ist wahr;
"-5 < -2" ist wahr;
-5 ist ein Lösungselement der beiden Ungleichungen.
```

d) Beide Terme der ersten Ungleichung werden durch -3 dividiert
und das Ungleichungszeichen n i c h t vertauscht.

```
Zu x = 5:
"(-3)·5 > 6" ist falsch;
"5 > -2" ist wahr;
```

5 ist zwar ein Lösungselement der zweiten Ungleichung,
nicht aber auch ein Lösungselement der ersten Ungleichung.
Damit ist bereits nachgewiesen, daß beide Ungleichungen
n i c h t äquivalent sind.

```
Zu x = -5:
"(-3)·(-5) > 6" ist wahr;
"-5 > -2" ist falsch;
```

-5 ist zwar ein Lösungselement der ersten Ungleichung,
nicht aber auch ein Lösungselement der zweiten Ungleichung.
Damit wird bestätigt, daß beide Ungleichungen n i c h t
äquivalent sind.

Anmerkung:

Bei Ungleichungen sind alle bisher benutzten Äquivalenzumformungen von Gleichungen auch wieder Äquivalenzumformungen
- mit einer wesentlichen Ausnahme:

Die Multiplikation oder Division der beiden Terme mit einer
negativen Zahl ist keine Äquivalenzumformung!

Multipliziert oder dividiert man die beiden Terme einer Ungleichung mit der gleichen negativen Zahl, so ergibt sich
nur dann eine Äquivalenzumformung, wenn man zusätzlich das
Zeichen > durch < bzw. das Zeichen < durch > bzw. das Zeichen
≥ durch ≤ bzw. das Zeichen ≤ durch ≥ ersetzt.

Wir sagen kurz:

Multipliziert oder dividiert man die beiden Terme einer Ungleichung mit der gleichen negativen Zahl, so muß das Ungleichungszeichen "herumgedreht" werden.

Grundmenge sei ℕ. Setze in den folgenden Aufgaben die fehlenden Ungleichungszeichen und gib die Lösungsmengen dieser Ungleichungen an.
Entscheide jeweils, ob die Zahl 1 ein Lösungselement dieser
Ungleichungen ist.

[356] $3x - 7 < x + 5$ [357] $4x + 28 \geq 7x - 2$

     $2x - 7$ 5 $-3x + 28$ -2

        $2x$ 12 $- 3x$ -30

         x 6 x 10

[358] $-4x + 8 > -x - 4$ [359] $x - 2(5 - 3x) > 8(x - 3)$

     $4x - 8$ $x + 4$ $x - 10 + 6x$ $8x - 24$

        $3x$ 12 14 x

         x 4 x 14

28. MUSTERAUFGABE:

Grundmenge sei ℕ. Bestimme die Lösungsmenge der Ungleichung
$2x > 5x - 8$.
Führe anschließend die Probe durch.
Lösung:

1. Weg: 2. Weg:

$2x > 5x - 8$ $| -2x+8$ $2x > 5x - 8$ $| -5x$

$8 > 3x$ $| : 3$ $-3x > -8$

$\frac{8}{3} > x$ Vertauschung $-3x > -8$ $| :(-3)$
                    der Terme

$x < \frac{8}{3}$ $x < \frac{8}{3}$ Umkehrung des
                                              Ungleichungszeichens

$L = \{1; 2\}$ $L = \{1; 2\}$

Probe:

Für $x = 1$:

$T_l(1) = 2 \cdot 1 = 2$; $T_r(1) = 5 \cdot 1 - 8 = -3$.

Da "$2 > -3$" eine wahre Aussage ist, ist 1 ein Lösungselement.

Für $x = 2$:

$T_l(2) = 2 \cdot 2 = 4$; $T_r(2) = 5 \cdot 2 - 8 = 2$.

Da "$4 > 2$" eine wahre Aussage ist, ist 2 ein Lösungselement.

Anmerkung:

Für $x = 3$ ergibt sich $T_l(3) = 2 \cdot 3 = 6$ und $T_r(3) = 5 \cdot 3 - 8 = 7$;

da "6 > 7" eine falsche Aussage ist, ist 3 kein Lösungselement.

Grundmenge sei ℕ. Bestimme in den folgenden Aufgaben jeweils
die Lösungsmenge der Ungleichung.
Bestätige für jeweils ein behauptetes Element, daß es der
Lösungsmenge angehört.

[360] $2x + 7 < 19$	[361] $26 - 3x \geq -4$
[362] $11 - 2x > 7$	[363] $15 - 7x \leq -24$
[364] $5x + 4 \geq 3x + 12$	[365] $2x + 1 > 3x - 7$
[366] $6x - 1 > 5x + 3$	[367] $2x - 7 < 6x + 11$
[368] $-6x - 3 > -7x - 2$	[369] $5x - 14 < 3x - 7$
[370] $13 - 2x \leq 27 - 9x$	[371] $13x + 11 < 15x - 12$
[372] $5x - 2 > 6x - 3$	[373] $-3x - 7 \leq -2x - 29$
[374] $19x + 14 > 21(x - 2) + 26$	
[375] $7(3 - 2x) - 4x > 6 - 2x$	

29. MUSTERAUFGABE:
Grundmenge sei ℚ. Bestimme die Lösungsmenge der Ungleichung
$3(4 - 7x) - [5 - 13(x + 4)] < 4x + 11$.
Veranschauliche die Lösungsmenge auf dem Zahlenstrahl.
Welche der folgenden Zahlen sind Elemente der Lösungsmenge:
-10; -4; 0,8; 3,5; 4; 8,2; 10?
Mache für ein Lösungselement die Probe.
Lösung:

$$3(4 - 7x) - [5 - 13(x + 4)] < 4x + 11$$
$$12 - 21x - 5 + 13x + 52 < 4x + 11$$
$$59 - 8x < 4x + 11 \quad | + 8x - 11$$
$$48 < 12x \quad | : 12$$
$$4 < x$$
$$x > 4$$

$L = \{x| \ x > 4 \ \text{und} \ x \in ℚ\}$.
"L ist die Menge der Zahlen x mit der Eigenschaft:
x ist größer als 4 und x ist ein Element aus ℚ."
$8,2 \in L$ und $10 \in L$.

Die nachfolgende Abbildung zeigt die Veranschaulichung der Lösungsmenge dieser Ungleichung auf dem Zahlenstrahl.

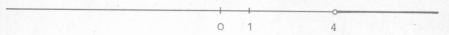

Probe für x = 10:

$T_l(10) = 3(4 - 7 \cdot 10) - [5 - 13(10 + 4)]$

$= 3(-66) - [5 - 13 \cdot 14]$

$= -198 - [5 - 182]$

$= -198 - [-177]$

$= -198 + 177$

$= -21$

$T_r(10) = 4 \cdot 10 + 11$

$= 40 + 11$

$= 51$

Da "-21 < 51" eine wahre Aussage ist, ist 10 ein Lösungselement dieser Ungleichung.

Grundmenge sei $\mathbb{Q}$. Bestimme in den folgenden Aufgaben die Lösungsmengen der Ungleichungen. Veranschauliche diese Lösungsmengen mit einem geeignetem Maßstab auf dem Zahlenstrahl.

[376] $8x - 72 \geq 0$ [377] $72 - 8x \geq 0$

[378] $2x + 5 \leq 4$ [379] $7x - 4 > 3$

[380] $5 - 3x \geq 8$ [381] $7 - 4x > -9$

[382] $7x - 9 \geq 2x - 4$ [383] $9 - 4x \leq 2x + 6$

[384] $7 - 4x < 13 - 3x$ [385] $9x + 15x - 12x \leq 36$

[386] $8(x - 1) > 6(x + 1)$ [387] $45 - 2(x - 7) \geq 50$

[388] $-7(x - 3) + 2(3x - 6) < 12$

[389] $9(x - 5) \leq 9(x + 5) - 6(x + 3)$

[390] $2x + 7(x - 11) - 3(x - 20) + 11 \geq 0$

[391] $8(3x - 2) - 13x > 5(12 - 3x) + 7x$

[392] $2(3x + 4) - 4(3x + 4) + 15(x + 2) \leq 12(x + 3)$

[393] $34x - (16 + 15x) \geq 32 - [7x - (48 - 22x)]$

[394] $\dfrac{x - 3}{2} - \dfrac{4x + 5}{3} \geq 1$ [395] $\dfrac{7x - 4}{5} - \dfrac{8(x + 3)}{4} \geq 1$

3.3   TEXTAUFGABEN

3.3.1   ZAHLENAUFGABEN

30. MUSTERAUFGABE:

Addiert man zum Doppelten einer natürlichen Zahl die Zahl 12,
so erhält man 4 weniger als das Vierfache dieser Zahl.
Wie heißt diese natürliche Zahl?

Lösung:

Für die gesuchte natürliche Zahl führen wir die Bezeichnung
x ein.

Das Doppelte von x ist 2x; addiert man zu 2x die Zahl 12, so
ergibt sich 2x + 12.

Das Vierfache von x ist 4x; 4 weniger als 4x ist 4x - 4.
Nun soll 2x+12 gleich 4x-4 sein, deshalb muß gelten:

$2x + 12 = 4x - 4$.

Gesucht ist die natürliche Zahl, für die $2x + 12 = 4x - 4$
erfüllt ist. Dazu bestimmen wir die Lösungsmenge der Gleichung $2x + 12 = 4x - 4$ bezüglich der Grundmenge $\mathbb{N}$.

$$2x + 12 = 4x - 4 \quad | - 2x + 4$$
$$16 = 2x \quad | : 2$$
$$x = 8 \ , \ 8 \in \mathbb{N} \ ;$$
$$L = \{8\}$$

Die gesuchte natürliche Zahl ist 8.

[396] Die Hälfte einer Zahl ist um 27 kleiner als das Doppel-
      te dieser Zahl. $\frac{1}{2} x + 27 = 2x$
      Wie heißt diese Zahl?

[397] Das Dreifache einer Zahl ist um 88 größer als ein Drit-
      tel dieser Zahl.
      Wie heißt diese Zahl?

[398] Subtrahiert man vom Dreifachen einer Zahl 7, so erhält
      man 5 mehr als das Doppelte dieser Zahl.
      Wie heißt diese Zahl?

[399] Subtrahiert man das Fünffache einer Zahl von 125,
      so erhält man 35 weniger als das Dreifache dieser

Zahl.

Wie heißt diese Zahl?

[400] Addiert man das Vierfache einer natürlichen Zahl zu 10, so erhält man 15 weniger als das Fünffache dieser Zahl.

Wie heißt diese natürliche Zahl?

[401] Anstatt eine natürliche Zahl zunächst mit 5 zu multiplizieren und zum Produkt 2 zu addieren, multipliziert Erich zunächst mit 2 und addiert zu diesem Produkt 5.

Trotzdem erhält Erich das gleiche Ergebnis.

Wie heißt diese natürliche Zahl?

[402] Dividiert man eine natürliche Zahl durch 4 und subtrahiert 23, so erhält man 127.

Wie heißt diese natürliche Zahl?

[403] Multipliziert man eine ganze Zahl mit 5 und addiert zum Produkt 12, so erhält man 2.

Wie heißt diese ganze Zahl?

[404] Die Summe des Dreifachen und des Siebenfachen einer Zahl ist 25.

Wie heißt diese Zahl?

[405] Addiert man die Zahl 12 zum Fünffachen einer Zahl, so erhält man 28 weniger als das Vierfache der um 2 vermehrten Zahl.

Wie heißt diese Zahl?

31. MUSTERAUFGABE:

Multipliziert man eine natürliche Zahl mit 15, so liegt dieses Produkt soviel über 40 wie das Dreifache dieser natürlichen Zahl unter 14.

Wie heißt diese natürliche Zahl?

Führe eine Probe durch.

Lösung:

Für die gesuchte natürliche Zahl führen wir die Bezeichnung x ein.

Multipliziert man x mit 15, so ergibt sich 15x; 15x liegt um

15x - 40 über der Zahl 40.

Das Dreifache von x ist 3x; 3x liegt um 14 - 3x unter der Zahl 14.

Nun soll gelten:

15x - 40 = 14 - 3x.

Eine einschränkende Bedingung ist, daß nur natürliche Zahlen gesucht sind.

Die Menge der gesuchten Zahlen ist gleich der Lösungsmenge der Gleichung 15x - 40 = 14 - 3x bezüglich der Grundmenge $\mathbb{N}$.

$$15x - 40 = 14 - 3x$$
$$18x = 54$$
$$x = 3 \ , \ 3 \in \mathbb{N} \ ;$$
$$L = \{3\}$$

Probe:

1. Die Zahl 3 ist ein Element der Menge der natürlichen Zahlen.
2. Das Produkt von 3 und 15 ist 45; 45 liegt 5 über 40.
3. Das Dreifache von 3 ist 9; 9 liegt 5 unter 14.

[406] Vermindert man eine natürliche Zahl um 2 und verdreifacht diese Differenz, so erhält man dasselbe, wie wenn man das Doppelte dieser Zahl um 2 vermehrt.
Wie heißt diese natürliche Zahl?

[407] Addiert man das Dreifache einer Zahl zu 5, so erhält man 15 weniger als das Vierfache dieser Zahl.
Wie heißt diese Zahl?

[408] Vergrößert man eine natürliche Zahl um 17 und verdoppelt das Ergebnis, so erhält man dasselbe, wie wenn man das Dreifache dieser Zahl um 7 vermindert.
Wie heißt diese natürliche Zahl?

[409] Vermindert man das Achtfache einer geraden Zahl um 25 und multipliziert diese Differenz mit 4, so ist das Produkt um 2 kleiner als die Zahl, die man erhält, wenn man das um 14 vermehrte Sechsfache dieser

Zahl mit 3 multipliziert.

Wie heißt diese gerade Zahl?

[410] Addiert man zu einer ganzen Zahl 30, multipliziert diese Summe mit 6, subtrahiert vom Produkt 150 und dividiert diese Differenz durch 3, so erhält man 10 weniger als das Dreifache dieser Zahl.

Wie heißt diese ganze Zahl?

32. MUSTERAUFGABE:

Gibt es zwei aufeinanderfolgende Siebenerzahlen, welche die Summe 735 haben?

Lösung:

1. Lösungsweg:

Die Variable für die kleinere gesuchte Zahl sei x. Dann wird die größere der gesuchten Zahlen durch x+7 ausgedrückt. Die Summe aus beiden Zahlen ist dann x + (x+7). Da diese Summe 735 sein soll, ergibt sich die Gleichung

$x + (x + 7) = 735$.

Weiter soll x eine Siebenerzahl bezeichnen. Daher ist die Grundmenge die Menge {7; 14; 21; ...} aller Siebenerzahlen.

$$x + (x + 7) = 735$$
$$2x + 7 = 735$$
$$2x = 728$$
$$x = 364$$

Es ist 364 : 7 = 52, also ist 364 eine Siebenerzahl, somit gilt L = {364}. Die kleinere Siebenerzahl ist 364, die größere Siebenerzahl ist 364 + 7 = 371.

2. Lösungsweg:

Wir bezeichnen eine gesuchte Zahl in der Weise, daß zum Ausdruck kommt, daß es sich um eine Siebenerzahl handeln soll.

Zu jeder Siebenerzahl gibt es eine natürliche Zahl n so, daß man sie als 7n schreiben kann.

Die auf 7n folgende Siebenerzahl ist dann 7(n+1).

Die Summe dieser beiden Siebenerzahlen ist dann 7n + 7(n +1).

Da diese Summe 735 sein soll, ergibt sich die Gleichung
$7n + 7(n + 1) = 735$.
Bei diesem Ansatz ist die Menge $\mathbb{N}$ der natürlichen Zahlen die Grundmenge.

$$7n + 7(n + 1) = 735$$
$$14n + 7 = 735$$
$$14n = 728$$
$$n = 52$$

Für $n = 52$ ergibt sich $7 \cdot n = 7 \cdot 52 = 364$ als die kleinere gesuchte Siebenerzahl und $7 \cdot (n + 1) = 7 \cdot (52 + 1) = 7 \cdot 53 = 371$ als die größere gesuchte Siebenerzahl. Dieses Ergebnis stimmt mit dem bereits vorher bestimmten überein.

[411] Von zwei natürlichen Zahlen ist die zweite um 17 größer als die erste.
Das Siebenfache der ersten Zahl ist um 9 größer als das Fünffache der zweiten Zahl.
Wie heißen beide natürlichen Zahlen?

[412] Zwei aufeinanderfolgende Neunerzahlen haben die Summe 6 579.
Wie heißen beide Neunerzahlen?

[413] Drei aufeinanderfolgende Elferzahlen haben die Summe 5 280.
Wie heißen die drei Elferzahlen?

[414] Die Summe zweier Zahlen beträgt 16.
Addiert man das Dreifache der einen Zahl zum Vierfachen der anderen Zahl, dann erhält man 55.
Wie heißen beide Zahlen?

[415] Die Differenz zweier Zahlen beträgt 10.
Subtrahiert man das Fünffache der kleineren Zahl vom Vierfachen der größeren Zahl, dann erhält man 45.
Wie heißen beide Zahlen?

33. MUSTERAUFGABE:

a) Gibt es eine natürliche Zahl, für die gilt:
   Vermehrt man das Siebenfache der Zahl um 21 und multipliziert diese Summe mit 2, dann erhält man das Vierzehn-
   fache der um 3 vermehrten Zahl.

b) Gibt es eine natürliche Zahl, für die gilt:
   Addiert man zum Doppelten der Zahl 5 und multipliziert
   diese Summe mit 13, dann ergibt sich 42 mehr als das
   Sechsundzwanzigfache der Zahl.

Lösung:

a) x sei Variable für die gesuchte Zahl.
   Dann fällt die Menge der Zahlen, welche die gestellten
   Forderungen erfüllen, mit der Lösungsmenge der Gleichung
   $2(7x + 21) = 14(x + 3)$
   bezüglich der Grundmenge $\mathbb{N}$ zusammen.

   $$2(7x + 21) = 14(x + 3)$$
   $$14x + 42 = 14x + 42$$
   $$0 = 0$$

   $L = \{ \mathbb{N} \}$

   Diese Gleichung ist allgemeingültig bezüglich ihrer Grund-
   menge $\mathbb{N}$.
   Mit anderen Worten:
   Für unsere Textaufgabe bedeutet das, daß jede natürliche
   Zahl die im Aufgabentext gestellten Forderungen erfüllt.

b) x sei Variable für die gesuchte Zahl.
   Dann fällt die Menge der Zahlen, welche die gestellten
   Forderungen erfüllen, mit der Lösungsmenge der Gleichung
   $13(2x + 5) - 42 = 26x$
   bezüglich der Grundmenge $\mathbb{N}$ zusammen.

   $$13(2x + 5) - 42 = 26x$$
   $$26x + 65 - 42 = 26x$$
   $$26x + 23 = 26x$$
   $$23 = 0$$

   $L = \{ \ \}$

   Diese Gleichung ist unerfüllbar.

Mit anderen Worten:
Für unsere Textaufgabe bedeutet das, daß keine natürliche
Zahl die im Aufgabentext gestellten Forderungen erfüllt.

[416] Wenn man eine natürliche Zahl mit der um 6 vermehrten
Zahl multipliziert, dann erhält man dasselbe, wie wenn
man diese Zahl mit sich selbst multipliziert und zu
diesem Produkt das Sechsfache der Zahl addiert.
Wie heißt die natürliche Zahl?

*[417] Vermehrt man das Sechsfache einer natürlichen Zahl um
18 und multipliziert diese Summe mit 2, dann erhält man
2 mehr als das Zwölffache der um 3 vermehrten Zahl.
Wie heißt die natürliche Zahl?

*[418] Addiert man zum Dreifachen einer ganzen Zahl 2 und mul-
tipliziert man diese Summe mit 4 und addiert zum Produkt 5, dann ergibt sich 13.
Wie heißt die ganze Zahl?

*[419] Vermehrt man das Vierfache einer ungeraden Zahl um 16
und multipliziert diese Summe mit 2, so erhält man 40
weniger, als wenn man zu dieser Zahl 3 addiert und
diese Summe mit 14 multipliziert.
Wie heißt die ungerade Zahl?

[420] Vermehrt man eine natürliche Zahl um 48 und dividiert
diese Summe durch 3, so ergibt sich dasselbe, wie wenn
man zu zwei Dritteln dieser Zahl 10 addiert.
Wie heißt die natürliche Zahl?

[421] Das Fünffache einer ganzen Zahl ist um 56 kleiner als
diese Zahl selbst.
Wie heißt die ganze Zahl?

[422] Das Siebzehnfache einer um 3 verminderten natürlichen
Zahl ist um 3 kleiner als das Siebzehnfache dieser
Zahl.
Wie heißt die natürliche Zahl?

[423] Vermehrt man das Vierfache einer natürlichen Zahl um 12
und multipliziert diese Summe mit -2, so erhält man 40

weniger, als wenn diese Zahl von 2 subtrahiert und diese Differenz mit 8 multipliziert wird.
Wie heißt diese natürliche Zahl?

[424] Subtrahiert man vom Quadrat einer ganzen Zahl 121, so
ergibt sich dasselbe, wie wenn man diese Zahl mit der
um 11 vermehrten Zahl multipliziert.
Wie heißt die ganze Zahl?

[425] Die Summe zweier rationaler Zahlen beträgt 25. Die
größere der beiden Zahlen ist 49 mal so groß wie die
kleinere der beiden Zahlen.
Wie heißen beide rationale Zahlen?

34. MUSTERAUFGABE:

a) Die Zehnerziffer einer zweistelligen Zahl ist doppelt so
groß wie die Einerziffer. Vertauscht man die Ziffern, so
erhält man eine um 18 kleinere zweistellige Zahl.
Wie heißt die zweistellige Zahl?

b) Die Zehnerziffer einer zweistelligen Zahl ist um 5 größer
als die Einerziffer. Vertauscht man die Ziffern, so erhält man eine um 45 kleinere Zahl.
Wie heißt die zweistellige Zahl?

Lösung:

a) 1. Weg:

x sei Variable für die Einerziffer der gesuchten Zahl.

Vor dem Vertauschen: Nach dem Vertauschen:

Einerziffer: x   Einerziffer: 2x
Zehnerziffer: 2x   Zehnerziffer: x
Zahl: $10 \cdot 2x + x$ Zahl: $10 \cdot x + 2x$

Daß ($10x+2x$) um 18 kleiner als ($20x+x$) sein soll, führt
auf die Gleichung

$20x + x = 10x + 2x + 18$.

(Die Grundmenge ist eine (echte oder unechte) Teilmenge
der Menge {0; 1; 2; 3; 4; 5; 6; 7; 8; 9}.)

$20x + x = 10x + 2x + 18$

$\quad 21x = 12x + 18$

$\quad\; 9x = 18$

$\quad\;\; x = 2$; $L = \{2\}$.

Einerziffer: 2
Zehnerziffer: 4
Zahl: 42
Vertauschte Zahl: 24

2. Weg:

Es ist eine zweistellige Zahl gesucht. Zweistellige Zahlen gibt es nur endlich viele. Daher kann man diese Aufgabe auch dadurch lösen, daß man alle zweistelligen Zahlen nacheinander durchprobiert. Folgende Überlegung versetzt uns aber in die Lage, daß wir nicht alle Zahlen zwischen 10 und 99 einzeln durchprobieren müssen.

Nach Aufgabenstellung muß die Zehnerziffer doppelt so groß wie die Einerziffer sein. Das bedeutet, daß die Zehnerziffer eine gerade Zahl sein muß. In Frage kommen als Zehnerziffern nur 2, 4, 6 und 8. Wenn es überhaupt eine zweistellige Zahl mit der geforderten Eigenschaft gibt, dann kann es nur eine der Zahlen 21, 42, 63 oder 84 sein. Wir vertauschen die Ziffern der möglichen Zahlen und bilden die Differenz zwischen der alten und den neuen Zahlen.

$$21 - 12 = 9,$$
$$42 - 24 = 18,$$
$$63 - 36 = 27,$$
$$84 - 48 = 36.$$

Von diesen vier Zahlen erfüllt nur 42 die im Aufgabentext geforderten Eigenschaften.

b) 1. Weg:

x sei Variable für die Einerziffer einer gesuchten Zahl.

Vor dem Vertauschen: Nach dem Vertauschen:

Einerziffer: x   Einerziffer: x + 5
Zehnerziffer: x + 5   Zehnerziffer: x
Zahl: 10(x + 5) + x   Zahl: 10x + (x + 5)

Daß $10x + (x + 5)$ um 45 kleiner als $10(x + 5) + x$ sein soll, führt auf die Gleichung

$$10(x + 5) + x = 10x + (x + 5) + 45.$$

Die Bestimmung der Lösungsmenge dieser Gleichung führt auf

$$10(x + 5) + x = 10x + (x + 5) + 45$$
$$10x + 50 + x = 10x + x + 5 + 45$$
$$11x + 50 = 11x + 50$$
$$11x = 11x$$
$$0 = 0$$

Die Gleichung ist allgemeingültig über ihrer Grundmenge.
Daher ist es unbedingt erforderlich, diese Grundmenge zu
ermitteln.
Da x eine Einerziffer bezeichnet, ist die Grundmenge eine
(echte oder unechte) Teilmenge von $\{0;1;2;3;4;5;6;7;8;9\}$.
Weil x+5 eine Einerziffer bezeichnet, kommen nur die Ziffern 0, 1, 2, 3 und 4 in Frage. Somit ist die Grundmenge
$G = \{0; 1; 2; 3; 4\}$ und die Lösungsmenge $L = \{0; 1; 2; 3; 4\}$.
Ergebnis: Die zweistelligen Zahlen 50, 61, 72, 83 und 94
        erfüllen die Forderungen des Aufgabentextes.
2. Weg:
Wieder können wir ausnützen, daß es nur endlich viele
zweistellige Zahlen gibt. Da die Zehnerziffer um 5 größer
als die Einerziffer sein soll, kommen höchstens die Zahlen
50, 61, 72, 83 oder 94 in Betracht. Vertauscht man auch
hier wieder die Ziffern und bildet die Differenzen zwischen
den alten und den neuen Zahlen, so folgt:
$50 - 05 = 61 - 16 = 72 - 27 = 83 - 38 = 94 - 49 = 45$.
Wir erkennen leicht, daß alle diese zweistelligen Zahlen
die im Aufgabentext geforderten Eigenschaften besitzen.
Weitere zweistellige Zahlen als 50, 61, 72, 83 und 94 mit
diesen Eigenschaften gibt es nicht.

[426] Die Zehnerziffer einer zweistelligen Zahl ist viermal
      so groß wie die Einerziffer. Vertauscht man die Ziffern,
      so ergibt sich eine um 54 kleinere Zahl.
      Wie heißt diese zweistellige Zahl?
[427] Gibt es zweistellige Zahlen, deren Einerziffern um 6
      größer sind als die Zehnerziffern und die um 54 größer

werden, wenn man ihre Ziffern vertauscht?

[428] Die Zehnerziffer einer zweistelligen Zahl ist um 2 größer
als die Einerziffer dieser Zahl. Die Quersumme (Summe
aller Ziffern) dieser Zahl beträgt 12.
Wie heißt diese zweistellige Zahl?

[429] Die Quersumme einer zweistelligen Zahl beträgt 14. Vertauscht man die Ziffern dieser Zahl, so ergibt sich
eine um 36 kleinere Zahl.
Wie heißt diese zweistellige Zahl?

[430] Die Zehnerziffer einer zweistelligen Zahl ist um 3 kleiner als die Einerziffer. Vertauscht man die Ziffern
der Zahl, so ergibt sich eine um 27 größere Zahl.
Wie heißt diese zweistellige Zahl?

[431] Gesucht sind zweistellige Zahlen, deren Quersumme 15
beträgt. Vertauscht man die Ziffern, so erhält man
eine um 9 größere Zahl.

*[432] Gesucht sind zweistellige Zahlen, deren Einerziffern
doppelt so groß wie die Zehnerziffern sind. Vertauscht
man die Ziffern, so erhält man Zahlen, die um 54 größer
sind.

*[433] Eine zweistellige Zahl hat die Quersumme 12. Vertauscht
man die Einerziffer und die Zehnerziffer, so entsteht
eine Zahl, die um 12 kleiner ist das das Doppelte der
ursprünglichen Zahl.
Wie heißt die ursprüngliche Zahl?

*[434] Die Quersumme einer zweistelligen Zahl ist 7. Verdop-
pelt man die Zahl und addiert 2, so erhält man eine
zweistellige Zahl, welche die Ziffern der ersten Zahl
in umgekehrter Reihenfolge besitzt.
Gibt es eine solche zweistellige Zahl?

*[435] In einer dreistelligen Zahl mit der Quersumme 17 ist
die Einerziffer halb so groß wie die Hunderterziffer.
Vertauscht man die Einerziffer und die Hunderterziffer
und läßt die Zehnerziffer unverändert, so erhält man
eine Zahl, die um 396 kleiner als die ursprüngliche ist.
Wie heißt die ursprüngliche Zahl?

35. MUSTERAUFGABE:

Bekanntlich beträgt in jedem Viereck die Summe der Innenwinkel 360°. Beim vorliegenden Viereck ABCD ist der Winkel δ halb so groß wie der Winkel γ, der Winkel α ist um 90° größer als der Winkel γ und der Winkel β ist gleich der Differenz der beiden Winkel α und δ.

Berechne die Größe dieser vier Winkel α, β, γ und δ.

Lösung:

α und δ ergeben sich unmittelbar aus γ. Daher beziehen wir uns auf γ. Es gilt:

$\gamma = \gamma$,

$\delta = \frac{1}{2}\gamma$

$\alpha = \gamma + 90°$,

$\beta = \alpha - \delta = (\gamma + 90°) - \frac{1}{2}\gamma = \frac{1}{2}\gamma + 90°$.

Somit ist

$$\alpha + \beta + \gamma + \delta = (\gamma + 90°) + (\frac{1}{2}\gamma + 90°) + \gamma + \frac{1}{2}\gamma$$
$$= 3\gamma + 180°.$$

Da die Summe der Winkelgrößen 360° beträgt, ergibt sich folgende Gleichung:

$$3\gamma + 180° = 360°$$
$$3\gamma = 180°$$
$$\gamma = 60°$$

Das vorgegebene Viereck ABCD
hat somit die Winkel

$\alpha = 60° + 90° = 150°$,

$\beta = 30° + 90° = 120°$,

$\gamma = 60°$,

$\delta = 30°$.

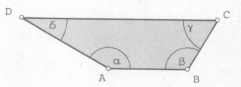

[436] In einem gleichschenkligen Dreieck ABC sind die Basiswinkel α und β jeweils um 21° größer als der Winkel γ
an der Spitze des Dreiecks.
Wie groß sind die Dreieckswinkel?

[437] In einem Dreieck ABC ist β um 15° größer als α und α
ist um 45° kleiner als γ.
Wie groß sind die Dreieckswinkel?

[438] In einem Dreieck ABC ist α um 22° größer als γ und β
um 10° kleiner als das Vierfache des Winkels γ.
Wie groß sind die Dreieckswinkel?

[439] Ein Außenwinkel δ eines Dreiecks ABC ist viermal so
groß wie der zugehörige Innenwinkel γ.
a) Wie groß ist γ?
b) Dieser Innenwinkel γ ist der Winkel an der Spitze
eines gleichschenkligen Dreiecks.
Wie groß sind die Innenwinkel des Dreiecks?

[440] In einem Dreieck ABC sind der Winkel β um 20% kleiner
und der Winkel γ um 20% größer als der Winkel α.
Wie groß sind die Dreieckswinkel?

[441] In einem Dreieck ABC haben der Winkel α 50% und der
Winkel β 75 % der Größe des Winkels γ.
Wie groß sind die Dreieckswinkel?

[442] Ein Dreieck ABC hat einen Außenwinkel δ von 116°. Der
eine nicht anliegende Innenwinkel α ist um 20° größer
als der andere nicht anliegende Innenwinkel β.
Wie groß sind die Innenwinkel des Dreiecks?

[443] In einem Viereck ABCD ist der Winkel β halb so groß
wie der Winkel γ, δ ist um 30° größer als α und α ist
um 15° größer als β.
Berechne die Viereckswinkel.

[444] In einem Viereck ABCD sind der Winkel β doppelt so groß
wie α, γ doppelt so groß wie β und δ doppelt so groß
wie γ.
Wie groß sind die Viereckswinkel?

[445] In einem Viereck ABCD sind der Winkel α um 75° kleiner,
der Winkel γ um 25% größer und der Winkel δ um 50% kleiner als der Winkel β.
Wie groß sind die Viereckswinkel?

36. MUSTERAUFGABE:

Ein Rechteck hat den Umfang 96 cm. Die großen Rechteckseiten
sind dreimal so lang wie die kleinen Rechteckseiten.
Welche Längen haben die Rechteckseiten?
Lösung:

1. Lösungsweg:	2. Lösungsweg:
Die Variable x steht für die Maßzahl der längeren Recht- eckseiten (Maßeinheit cm).	Die Variable x steht für die Maßzahl der kürzeren Recht- eckseiten (Maßeinheit cm).

 $b = \frac{x}{3}$ cm

a = x cm

 b = x cm

a = 3x cm

Daß der Umfang u = 96 cm be- tragen soll, führt über	Daß der Umfang u = 96 cm be- betragen soll, führt über
$2(a + b) = u$	$2(a + b) = u$
zur Gleichung	zur Gleichung
$2(x + \frac{x}{3}) = 96$	$2(3x + x) = 96$
$x + \frac{x}{3} = 48$	$3x + x = 48$
$\frac{4}{3}x = 48$	$4x = 48$
$x = 36 \; ; \; L = \{36\}$	$x = 12 \; ; \; L = \{12\}$
Die längeren Rechteckseiten sind jeweils 36 cm lang, die kürzeren sind jeweils 36 cm : 3 = 12 cm lang.	Die kürzeren Rechteckseiten sind jeweils 12 cm lang, die längeren sind jeweils 12 cm · 3 = 36 cm lang.

[446] Ein erstes Rechteck ist a_1 = 12 cm lang und b_1 = 8 cm breit. Ein zweites Rechteck mit der Länge a_2 = 16 cm ist dem ersten Rechteck flächengleich.
Welche Breite hat das zweite Rechteck?

[447] Ein erstes Rechteck ist a_1 = 18 cm lang und b_1 = 10 cm breit. Ein zweites Rechteck mit der Breite b_2 = 12 cm ist dem ersten Rechteck umfanggleich.
Welche Länge hat das zweite Rechteck?

[448] Ein Rechteck, dessen Seiten sich um 5 cm unterscheiden, hat einen Umfang von 50 cm.
Wie groß sind die Rechteckseiten?

[449] Ein Rechteck hat einen Umfang von 70 cm. Die kürzeren Rechteckseiten sind um 25% kleiner als die längeren Rechteckseiten.
Wie groß sind die Rechteckseiten?

[450] Ein Rechteck hat einen Umfang von 88 cm. Die längeren Rechteckseiten sind um 20% größer als die kürzeren Rechteckseiten.
Wie groß sind die Rechteckseiten?

[451] Zwei benachbarte Seiten eines Rechtecks unterscheiden sich um 5 cm. Der Umfang ist um 3 cm größer als das Sechsfache der kürzeren Seiten.
Wie groß sind die Rechteckseiten?

[452] Zwei benachbarte Seiten eines Rechtecks unterscheiden sich um 3,2 cm. Der Umfang ist um 4,8 cm größer als das Doppelte der größeren Seite.
Wie groß sind die Rechteckseiten?

[453] Ein Rechteck ist 13 cm lang und 8 cm breit.
a) Welche Seitenlänge hat ein umfanggleiches Quadrat?
b) Welchen Flächeninhalt hat das Rechteck, welchen das Quadrat.

[454] Die Länge eines Rechtecks ist um 8 cm größer als das Doppelte seiner Breite. Der Umfang des Rechtecks beträgt 124 cm.
Wie groß sind die Rechteckseiten?

[455] Die Breite eines Rechtecks ist um 3 cm kleiner als die
Hälfte seiner Länge. Der Umfang des Rechtecks beträgt
84 cm.
Wie groß sind die Rechteckseiten?

[456] Von einem Dreieck ABC ist die Seite b um 8 cm länger
als die Seite a und die Seite c ist um 23 cm kürzer als
die Seite b. Das Dreieck hat einen Umfang von 113 cm.
Wie groß sind die Dreieckseiten?

[457] Von einem Viereck ABCD ist die Seite a um 2 cm kürzer
als die Seite b, die Seite b ist um 3 cm kürzer als die
Seite c und die Seite c ist um 4 cm kürzer als die Seite d. Das Viereck hat einen Umfang von 64 cm.
Wie groß sind die Viereckseiten?

[458] Zwei Seiten eines Fünfecks sind gleich lang. Die dritte
Seite ist 2 cm und die vierte Seite 3 cm länger als diese beiden Seiten. Die fünfte Seite ist 17 cm lang.
Wie lang sind die Seiten dieses Fünfecks, wenn der Umfang 82 cm beträgt?

[459] Es soll ein Stabmodell des neben-
stehend skizzierten Körpers ange-
fertigt werden. Dazu steht ein 56
cm langer Holzstab zur Verfügung.
Die Kante b soll 1 cm länger als
die Kante a sein.
Wie groß sind die Kanten a und b,
wenn kein Abfall entstehend soll?

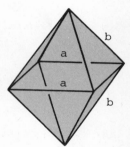

[460] Es soll ein Stabmodell des neben-
stehend skizzierten Körpers ange-
fertigt werden. Dazu steht ein 98
cm langer Holzstab zur Verfügung.
Die Kante b soll halb so lang wie
die Kante a sein.
Wie groß sind die Kanten a und b,
wenn kein Abfall entstehen soll?

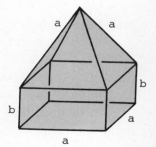

37. MUSTERAUFGABE:

Die jährlichen Zinsen zweier Kapitalien von 6 000 DM und von
11 000 DM betragen zusammen 1 410 DM.

Zu wieviel Prozent sind beide Kapitalien angelegt, wenn das
zweite zu einem um 2 % höheren Zinssatz als das erste angelegt ist?

Lösung:

Das erste Kapital sei zu x % angelegt, dann bringt es 60x DM
Zinsen.

Das zweite Kapital ist dann zu (x+2)% angelegt und bringt
110(x+2) DM Zinsen.

Insgesamt bringen beide Kapitalien [60x+110(x+2)] DM Zinsen.

Da dies aber 1 410 DM sein sollen, ergibt sich die Gleichung

$$60x + 110(x + 2) = 1\ 410$$
$$60x + 110x + 220 = 1\ 410$$
$$170x = 1\ 190$$
$$x = 7 \; ; \; L = \{7\}$$

Das erste Kapital ist zu 7 %, das zweite Kapital zu
7 % + 2 % = 9 % angelegt.

[461] Ein Kapital bringt jährlich 680 DM Zinsen.
      Wie groß ist dieses Kapital, wenn es zu 8 % angelegt
      ist? $0,08 x = 680$

[462] Ein Kapital bringt halbjährlich 270 DM Zinsen.
      Wie groß ist dieses Kapital, wenn es zu 4,5 % angelegt
      ist? $\frac{1}{2} \cdot 0,045 x = 270$

[463] Ein Kapital bringt in 3 Monaten 281,25 DM Zinsen.
      Wie groß ist dieses Kapital, wenn es zu 6,25 % angelegt
      ist?

[464] Ein zu 5,5 % angelegtes Kapital bringt in 10 Monaten
      440 DM Zinsen.
      Wie hoch ist dieses Kapital?

[465] Ein Kapital bringt zu 12 % angelegt in 281 Tagen 3 372
DM Zinsen.

$0,12 \times \frac{281}{360} = 3372$

Wie hoch ist das Kapital?

[466] Ein Kaufmann verdient an einer Ware 44 %, wenn er sie
zu 2,70 DM verkauft.
Wie teuer muß der Kaufmann seine Ware verkaufen, wenn
er 60 % verdienen will?

[467] Ein Kaufmann verdient an einer Ware 60 %, wenn er sie
zu 3,84 DM verkauft. Er kann seine Ware nicht absetzen,
daher muß er mit einem Gewinn von 25 % zufrieden sein.
Zu welchem Preis hat der Kaufmann diese Ware verkauft?

[468] An einer Schule führte die Verkehrspolizei eine Verkehrs-
kontrolle durch. Die Polizisten stellten bei 25 % aller
Fahrräder nur Beleuchtungsmängel, bei 20 % nur Mängel
an den Bremsen fest. Verkehrssicher waren 191 Fahrräder,
völlig verkehrsuntauglich waren 7 Fahrräder.
Wie viele Fahrräder wurden von der Polizei an dieser
Schule kontrolliert?

[469] In einer Schule sind 35 % aller Schüler Mädchen. Es
besuchen 252 mehr Jungen als Mädchen die Schule.
Wie viele Schüler besuchen diese Schule insgesamt?

$\frac{35 x + 252}{100} = \frac{65}{100} x$

[470] Bei einer Sammlung spendet Herr Huber 3 % seines Gehaltes. Herr Maier, dessen Gehalt 200 DM höher ist, spendet 2 % seines Gehaltes. Herr Maier spendet 13 DM weniger als Herr Huber.
Welches Gehalt hat Herr Huber?

$\frac{3}{100} x - 13 = \frac{2}{100} (x + 200)$

[471] Ein Kapital von 21 000 DM ist zu 4 % angelegt. Ein zweites Kapital ist doppelt so groß. Beide bringen im Jahr
zusammen 3 360 DM Zinsen.
Zu welchem Zinssatz ist das zweite Kapital angelegt?

$\frac{4}{100} \cdot 21000 + \frac{x}{100} \cdot 42000 = 3360$

[472] Ein Kapital ist um 800 DM größer als ein zweites Kapital.
Das kleinere Kapital ist zu 5,5 % und das größere Kapital 4,5 % angelegt. Beide Kapitalien zusammen bringen
im Jahr 2 000 Zinsen.
Wie groß sind beide Kapitalien?

[473] Herr Wagner hat zwei Guthaben. Das erste Guthaben beträgt 8 400 DM, das zweite Guthaben 9 600 DM. Herr
Wagner erhält vom ersten Guthaben in 7 Monaten gleich
viel Zinsen wie vom zweiten Guthaben in 5 Monaten.
Zu welchem Zinssatz werden beide Guthaben verzinst,
wenn das zweite Guthaben um 1,35 % höher als das erste
Guthaben verzinst wird?

[474] Von drei Kapitalien ist das zweite um 1 200 DM größer
als das erste und das dritte um 1 500 DM größer als das
zweite. Das dritte Kapital bringt, zu 6 % angelegt, im
Jahr gleich viel Zinsen wie das erste und das zweite
Kapital zusammen. Dabei ist das erste Kapital zu 4,5 %
und das zweite Kapital zu 4 % angelegt.
Wie hoch sind die drei Kapitalien?

[475] Zwei Kapitalien von zusammen 70 000 DM sind zu 6 % und
zu 7 % angelegt. Wäre das erste Kapital zu 7 % und das
zweite Kapital zu 6 % angelegt, so würde man jährlich
260 DM weniger Zinsen bekommen.
Wie hoch sind beide Kapitalien?

3.3.4 VERTEILUNGSAUFGABEN

38. MUSTERAUFGABE:

Ein Betrag von 560 DM soll unter drei Personen A, B und C
verteilt werden. Dabei soll B 80 DM mehr als A und C das Doppelte von A erhalten.

Welchen Betrag erhält jede der drei Personen?

Lösung:

A soll x DM erhalten. Dann erhält B (x+80) DM und C 2x DM.
Alle drei Personen erhalten zusammen [x + (x+80) + 2x] DM.
Da dies 560 DM sind, ergibt sich die Gleichung

$$x + (x + 80) + 2x = 560$$
$$4x = 480$$
$$x = 120 \; ; \; L = \{120\}$$

A erhält 120 DM, B erhält 120 DM + 80 DM = 200 DM und C erhält 2 · 120 DM = 240 DM.

[476] Vier Frauen A, B, C und D haben 69 000 DM im Lotto gewonnen. Entsprechend ihres Einsatzes soll der Gewinn verteilt werden. A erhält 4 000 DM weniger als C, B erhält 2 000 DM weniger als die Hälfte des Anteils von C und D erhält 3 000 DM mehr als die Hälfte des Anteils von C.
Wie wird der Gewinn verteilt?

[477] Ein Betrag von 3 560 DM soll unter vier Personen A, B, C und D so verteilt werden, daß A 500 DM weniger als B, B 700 DM mehr als C und D halb so viel wie C erhält.
Welchen Betrag erhält jede der vier Personen?

[478] Unter sieben Personen sollen 1 680 DM so aufgeteilt werden, daß jede von ihnen 20 DM weniger bekommt als die jeweils vorhergehende Person.
Wieviel Geld erhält jede der sieben Personen?

[479] Ein Betrag von 1 240 DM soll so unter fünf Personen verteilt werden, daß jede von ihnen jeweils doppelt so viel wie die vorhergehende Person erhält.
Wieviel Geld erhält jede der fünf Personen?

*[480] Ein Betrag soll unter drei Personen A, B und C verteilt werden. B erhält 80 % des Anteils von A und zusätzlich 80 DM, C erhält 90 % des Anteils von B und zusätzlich 68 DM. Der Gesamtbetrag ist 500 DM weniger als das Dreifache des Anteils von A.
Wie groß ist der zu verteilende Betrag?

3.3.5   ALTERSAUFGABEN

39. MUSTERAUFGABE:
Ein Großvater ist viermal so alt wie sein Enkel. Vor 12 Jahren war der Großvater achtmal so alt wie der Enkel.
Wie alt sind beide?

Lösung:

1. Lösungsweg:

Zeitpunkt	Alter des Enkels	Alter des Großvaters
jetzt	x Jahre	4x Jahre
vor 12 Jahren	(x - 12) Jahre	(4x - 12) Jahre

Vor 12 Jahren war der Großvater achtmal so alt wie der Enkel,
daher ergibt sich die Gleichung

$4x - 12 = 8(x - 12)$

$4x - 12 = 8x - 96$

$\qquad 84 = 4x$

$\qquad x = 21 \; ; \; L = \{21\}$

Der Enkel ist 21 Jahre, der Großvater 4·21 Jahre = 84 Jahre
alt.

2. Lösungsweg:

Zeitpunkt	Alter des Großvaters	Alter des Enkels
jetzt	x Jahre	$\frac{x}{4}$ Jahre
vor 12 Jahren	(x - 12) Jahre	$(\frac{x}{4} - 12)$ Jahre

Vor 12 Jahren war der Großvater achtmal so alt wie der Enkel,
daher ergibt sich die Gleichung

$x - 12 = 8(\frac{x}{4} - 12)$

$x - 12 = 2x - 96$

$\qquad x = 84 \; ; \; L = \{84\}$

Der Großvater ist 84 Jahre und der Enkel 84 Jahre : 4 = 21 Jahre
alt.

[481] Eine Großmutter ist viermal so alt wie ihre Enkelin.
Vor 16 Jahren war die Großmutter zwölfmal so alt wie
die Enkelin. $4x - 16 = 12(x - 16)$
Wie alt sind beide? 22 / 88

[482] Herr Wagner ist 42 Jahre alt und sein Sohn Hans 16 Jahre.
In wieviel Jahren wird Herr Wagner doppelt so alt wie
Hans sein? 10 $42 + x = 2(16 + x)$

[483] Frau Berger ist 44 Jahre alt, ihre Tochter Erika ist
26 Jahre jünger. $44 - x = 3(18 - x) \rightarrow 5$
Vor wieviel Jahren war Frau Berger dreimal so alt wie
Erika?

*[484] Vor zwei Jahren war eine Mutter dreizehnmal so alt wie
ihr Kind, in zwanzig Jahren wird sie nur noch doppelt
so alt wie ihr Kind sein.
Wie alt sind beide?

*[485] Ein Vater ist 26 Jahre älter als seine Tochter.
Wie alt ist der Vater, wenn er in 18 Jahren doppelt so
alt wie die Tochter sein wird?

[486] Mutter und Sohn sind zusammen 51 Jahre alt. In 15 Jahren ist die Mutter doppelt so alt wie der Sohn.
Wie alt ist der Sohn?

*[487] Hans sagt zu seinem Freund Horst:
"Zähle ich das Alter meiner Mutter zum Alter meines Va-
ters, so ergeben sich 90 Jahre;
ziehe ich das Alter meiner Mutter vom Alter meines Va-
ters ab, so ergeben sich 6 Jahre".
Wie alt sind die Eltern von Hans?

*[488] Ein Vater ist 47 Jahre alt, seine drei Söhne sind zu-
sammen 10 Jahre älter.
Vor wieviel Jahren war der Vater so alt wie seine drei
Söhne zusammen?

*[489] Ein Vater ist jetzt 49 Jahre, sein Sohn 16 Jahre und
seine Tochter 14 Jahre alt.
In wieviel Jahren wird der Vater so alt wie der Sohn
und die Tochter zusammen sein?

*[490] Marie ist 20 Jahre alt. Sie ist doppelt so alt wie Anna
war, als Marie so alt war wie Anna jetzt ist.
Wie alt ist Anna?

3.3.6   MISCHUNGSRECHNEN

40. MUSTERAUFGABE:

Ein Juwelier braucht 450 g Gold vom Feingehalt 800. Zur Verfügung steht im Gold vom Feingehalt 900 und Gold vom Feingehalt 540.
Wieviel Gold beider Sorten muß der Juwelier nehmen?

Lösung:

In 450 g Gold vom Feingehalt 800 sind 0,800·450 g Gold enthalten.

Nimmt der Juwelier x g Gold vom Feingehalt 900, so braucht er dazu (450-x)g Gold vom Feingehalt 540. In der Mischung sind dann [0,9x + 0,54(450-x)] g Gold enthalten.

Da sich die Masse des Goldes nicht verändert, ergibt sich die Gleichung

$$0,8 \cdot 450 = 0,9x + 0,54(450 - x)$$
$$360 = 0,9x + 243 - 0,54x$$
$$117 = 0,36x$$
$$x = 325 \ ; \ L = \{325\}$$

Der Juwelier nimmt 325 g Gold vom Feingehalt 900 und 450 g - 325 g = 125 g Gold vom Feingehalt 540.

$$20 \cdot 0,7 = (20+x) \ 0,4$$

[491] Wieviel Liter Wasser muß man zu 20 Liter 70-%-igem Alkohol hinzufügen, um 40-%-igen Alkohol zu erhalten?

[492] 420 Liter 50-%-iger Alkohol soll durch Wasserentzug auf 70 % konzentriert werden.
Wieviel Wasser muß entzogen werden?

[493] Es werden 300 cm^3 eines 55-%-igen Alkohols mit 80-%-igem Alkohol vermischt. Es entsteht 72-%-iger Alkohol.
Wieviel Alkohol der zweiten Sorte wird verbraucht?

[494] Ein Juwelier braucht eine Goldlegierung, die 25 % Gold enthält.
Wieviel Gramm Gold vom Feingehalt 800 muß er zu 66 g Kupfer hinzufügen, um diese Legierung herstellen zu können?

[495] Es werden 30 g einer Goldlegierung von 585 % Goldanteil mit 10 g einer Goldlegierung von 445 % Goldanteil legiert.
Wieviel Promille Gold enthält die neue Legierung?

[496] Es werden 800 cm^3 eines 45-%-igen Alkohols mit 200 cm^3 eines anderen Alkohols gemischt.
Welche Konzentration hat dieser Alkohol, wenn die Mischung 50-%-ig sein soll?

[497] 320 cm^3 80-iger-Alkohol werden mit einem 20-%-igen Alkohol gemischt. Die Mischung hat die Konzentration 39,2 %.

Wieviel Alkohol der zweiten Sorte wird benötigt?

[498] Ein Drogist mischt 10-%-igen Alkohl so mit 30-%-igem Alkohol, daß 1 000 cm^3 Alkohol mit der Konzentration von 22 % entstehen.

Welche Mengen Alkohol werden von beiden Sorten gebraucht?

*[499] Zwei Sorten Wein, die eine zum Literpreis von 4,20 DM, die andere zum Literpreis von 7,10 DM sollen gemischt werden.

Wieviel Liter Wein benötigt man von jeder Sorte, wenn 2 175 Liter Wein zum Literpreis von 5,80 DM hergestellt werden sollen?

*[500] Zwei Sorten Wein zum Literpreis von 3,90 DM und 4,80 DM sollen so gemischt werden, daß Wein zum Literpreis von 4,44 DM entsteht. Von der zweiten Weinsorte sollen 300 Liter mehr als von der ersten Weinsorte verwendet werden.

Wieviel Liter Wein der ersten Sorte sind erforderlich?

3.3.7 VERMISCHTE AUFGABEN

41. MUSTERAUFGABE:

Ein Wirt kauft 25 Flaschen Wein zum Stückpreis von 3,60 DM und außerdem Flaschen einer anderen Sorte zum Stückpreis von 4,80 DM. Durchschnittlich kostet eine Flasche Wein 4,30 DM. Wie viele Flaschen Wein der zweiten Sorte hat der Wirt gekauft?

Lösung:

1. Lösungsweg:

25 Flaschen Wein zum Stückpreis von 3,60 DM kosten 25·3,60 DM;
x Flaschen Wein zum Stückpreis von 4,80 DM kosten x·4,80 DM.

Insgesamt bezahlt der Wirt (25·3,60 + 4,80·x) DM.

Da dem Wirt eine Flasche Wein durchschnittlich 4,30 DM
kostet, läßt sich sein gesamter Kaufpreis für die (25+x) Flaschen auch durch (25+x)·4,30 DM ausdrücken.

Somit ergibt sich die Gleichung

$$25·3,60 + 4,80·x = (25 + x)·4,30$$
$$90 + 4,8x = 107,50 + 4,3x$$
$$0,5x = 17,50$$
$$x = 35 \; ; \; L = \{35\}$$

Von der zweiten Sorte Wein wurden 35 Flaschen verkauft.

2. Lösungsweg:

Die Variable für die Anzahl der Flaschen der zweiten Sorte
sei x.

Dann führt

"Betrag über Durchschnitt = Betrag unter Durchschnitt"

zur Gleichung

$$(4,80 - 4,30)x = (4,30 - 3,60)25$$
$$0,5x = 17,5$$
$$x = 35 \; ; \; L = \{35\}$$

Von der zweiten Sorte Wein wurden 35 Flaschen verkauft.

[501] Hans hat ein gutes Zeugnis bekommen, in dem nur Zweier
und Dreier stehen. Der Durchschnittswert der 12 Zensu-
ren beträgt 2,25.
Wieviel Zweier hat Hans im Zeugnis?

[502] Herr Maier kauft 220 Fließen zum Stückpreis von 6,50 DM
und Fließen einer anderen Sorte zum Stückpreis von 4,50 DM
Durchschnittlich kostet eine Fließe 5,60 DM.
Wie viele Fließen der zweiten Sorte hat Herr Maier gekauft?

[503] Eine Schule kaufte 36 Atlanten zu einem Stückpreis von
18 DM und weitere Atlanten zu einem Stückpreis von
24 DM. Durchschnittlich bezahlte die Schule für einen
Atlas 21,84 DM.
Wie viele Atlanten der zweiten Sorte wurden von der
Schule gekauft?

[504] Ein Händler kaufte drei Autos zu einem Stückpreis von 24 800 DM und weitere sieben Autos zu einem anderen Stückpreis. Durchschnittlich zahlte er für ein Auto 18 780 DM.

Welchen Preis zahlte der Händler für ein Auto der zweiten Sorte?

*[505] Ein Händler kauft vier Sorten Schokolade. Von der ersten Sorte kostet eine Tafel 1,34 DM. Von der zweiten Sorte kauft er 50 Tafeln mehr als von der ersten Sorte und bezahlt für eine Tafel 1,12 DM. Von der dritten Sorte kauft er 10 Tafeln weniger als von der zweiten Sorte und bezahlt für eine Tafel 0,96 DM. Von der vierten Sorte kauft er 10 Tafeln weniger als von der ersten Sorte und bezahlt für alle Tafeln dieser Sorte 56 DM. Durchschnittlich bezahlt der Händler für eine Tafel Schokolade 1,06 DM.

Wie viele Tafeln Schokolade kauft der Händler von jeder Sorte?

42. MUSTERAUFGABE:

Ein Ei der Handelsklasse A kostet 26 Pfennige, ein Ei der Handelsklasse B 24 Pfennige. Frau Maier kauft 30 Eier und bezahlt dafür 7,40 DM.

Wie viele Eier der Handelsklasse A hat Frau Maier gekauft?

Lösung:

x Eier der Handelsklasse A kosten 0,26x DM,

(30-x) Eier der Handelsklasse B kosten 0,24(30-x) DM.

Insgesamt bezahlt Frau Maier [0,26x + 0,24(30-x)] DM.

Da dies 7,40 DM sein sollen, ergibt sich die folgende Gleichung

$$0,26x + 0,24(30 - x) = 7,40$$
$$0,26x + 7,20 - 0,24x = 7,40$$
$$0,02x = 0,20$$
$$x = 10 \; ; \; L = \{10\}$$

Frau Maier hat 10 Eier der Handelsklasse A gekauft.

$60x + 50(38 - x) = 2110$

[506] Anja bringt zusammen 38 Briefe und Karten zur Post. Am
Schalter muß sie 21,10 DM bezahlen. Das Porto für
eine Karte kostet 0,50 DM und für einen Brief 0,60 DM.
Wie viele Briefe hat Anja zur Post gebracht?

[507] Bei einer Sammlung erhielt Max 204 Geldstücke, nur Zehn-
und Fünfzigpfennigstücke. Insgesamt erhielt er 67,20 DM.
Wie viele Zehnpfennigstücke waren dabei?

[508] Um Geld für die Aktion Sorgenkind spenden zu können,
wurde von der Schule ein Fußballturnier durchgeführt.
Es kamen 1 416 Zuschauer. Ein Sitzplatz kostete 3,50 DM
und ein Stehplatz 1,50 DM. Nach dem Turnier konnten
3 692 DM auf das Spendenkonto überwiesen werden.
Wie viele Zuschauer hatten einen Sitzplatz gekauft?

[509] Hans, Heinz und Horst haben für das Rote Kreuz Geld gesammelt, zusammen 52,80 DM. Hans hat 1,60 DM weniger
und Horst 2,20 DM mehr als Heinz gesammelt.
Welche Beträge haben die drei Jungen gesammelt?

[510] Auf einer Baustelle werden die Arbeiter nach den Tarifen A, B und C bezahlt. Der Wochenlohn beträgt im ersten Tarif 480 DM, im zweiten 600 DM und im dritten
720 DM. In der zweiten Gruppe sind doppelt so viele
Arbeiter wie in der ersten, in der dritten Gruppe sind
dreimal so viele Arbeiter wie in der zweiten beschäftigt. Der wöchentliche Gesamtlohn beträgt 36 000 DM.
Wie viele Arbeiter sind in jeder Gruppe beschäftigt?

[511] Eine Flasche Apfelsaft kostet 2,60 DM. Der Saft ist
2,34 DM teurer als die Flasche.
Was kostet die Flasche?

[512] Ein Schachspiel kostet 110 DM. Die Schachfiguren sind um
80 DM teurer als das Schachbrett.
Was kosten die Schachfiguren?

[513] Die 420 Mitglieder eines Vereins wählten ihren Vorstand.
Für Herrn Lehmann stimmten 90 Mitglieder mehr als gegen
ihn.
Wie viele Mitglieder gaben Herrn Lehmann ihre Stimme,
wenn sich 6 Mitglieder ihrer Stimme enthielten?

[514] Karls Vater züchtet Tauben und Kaninchen. Karl zählt
28 Tiere, die zusammen 78 Beine haben.
Wie viele Tauben und wie viele Kaninchen hat Karls Vater? $x \cdot 2 + (28 - x) \cdot 4 = 78$

[515] Eine Straße von 2,766 km Länge soll geteert werden. Eine
Arbeitsgruppe schafft täglich 90 m. Nach 7 Tagen beginnt
beginnt am anderen Straßenende eine zweite Arbeitsgruppe.
Welche Straßenlänge wird durch diese zweite Arbeitsgruppe
täglich geteert, wenn die Straße nach 19 Tagen fertig ist?

43. MUSTERAUFGABE:

Ernst hat viermal so viele Briefmarken wie Franz. Würde Ernst
12 Briefmarken Franz geben, dann hätte er nur noch doppelt so
viele Briefmarken wie Franz.
Wie viele Briefmarken haben beide Jungen zusammen?
Lösung:

Zeitpunkt	Franz	Ernst
vorher	x Marken	4x Marken
nachher	2 (x+12) Marken =	(4x-12) Marken

Da 4x-12 das Doppelte von x+12 ist, ergibt sich die Gleichung
$$2(x + 12) = 4x - 12$$
$$2x + 24 = 4x - 12$$
$$2x = 36$$
$$x = 18 \; ; \; L = \{18\}$$
Franz hat 18 Briefmarken und Ernst 4·18 Briefmarken = 72
Briefmarken, zusammen haben die beiden Jungen 18 Briefmarken
+ 72 Briefmarken = 90 Briefmarken.

[516] Sabine hat 144 Poster mehr als Annette. Gibt Sabine
12 Poster an Annette ab, dann hat Sabine noch doppelt
so viele Poster wie Annette.
Wie viele Poster hat Annette?

[517] Paul hat 447 DM, Dieter 521 DM.
Welche Summe muß Paul an Dieter abgeben, damit Dieter
danach zehnmal soviel Geld wie Paul besitzt?

[518] Am Schuljahresanfang waren in einer Klasse dreimal so
viele Mädchen wie Jungen. Nachdem im Laufe ein Junge
gegangen und ein Mädchen gekommen war, befanden sich
am Schuljahresende viermal so viele Mädchen wie Jungen
in dieser Klasse.
Wie viele Mädchen und Jungen waren am Schuljahresanfang
in der Klasse, wie viele am Schuljahresende?

*[519] In einer Familie sind mehrere Kinder. Auf die Frage,
wie viele Kinder sie seien, antwortet ein Sohn:
" Ich habe gleich viele Schwestern wie Brüder."
Eine Tochter antwortet: $X = X - 1 + \frac{1}{2}(X-1)$

" Ich haben nur halb so viele Schwestern wie Brüder."
Wie viele Söhne und Töchter sind in dieser Familie?

*[520] Herr Maier kaufte 200 Flaschen Wein, teils zum Einzel-
preis von 5,20 DM, teils zum Einzelpreis von 6,30 DM.
Leider wurden die bestellten Sorten verwechselt, so daß
Herr Maier 66 DM mehr bezahlen mußte als er selbst aus-
gerechnet hatte.
Wie viele Flaschen Wein zum Einzelpreis von 5,20 DM
hatte Herr Maier bestellt?

519 *Es gibt x Kinder*
Jeder Sohn hat x - 1 Brüder
Jede Schwester " (x-1)·½ Schwestern

3.3.8   TEXTAUFGABEN UND UNGLEICHUNGEN

44. MUSTERAUFGABE:

Das um 6 vermehrte Dreifache einer natürlichen Zahl ist klei-
ner als das Doppelte der um 6 vermehrten Zahl.
Welche natürlichen Zahlen haben diese Eigenschaft?
Lösung:
Für eine solche natürliche Zahl führen wir die Variable x ein.
Das um 6 vermehrte Dreifache von x ist 3x + 6.
Das Doppelte der um 6 vermehrten Zahl ist 2(x + 6).
Daß 3x+6 kleiner als 2(x+6) sein soll, führt auf die Un-
gleichung
$3x + 6 < 2(x + 6)$ bezüglich der Grundmenge $\mathbb{N}$.

$3x + 6 < 2(x + 6)$

$3x + 6 < 2x + 12$

$x < 6$; $L = \{1; 2; 3; 4; 5\}$

Die natürlichen Zahlen 1, 2, 3, 4 und 5 haben die angebene Eigenschaft.

[521] Das um 1 vermehrte Dreifache einer natürlichen Zahl ist kleiner als das um 5 vermehrte Doppelte der Zahl. Welche natürlichen Zahlen haben diese Eigenschaft?

[522] Das um 1 vermehrte Fünffache einer natürlichen Zahl ist größer als die Summe aus 13 und dem Dreifachen der Zahl. Welche natürlichen Zahlen haben diese Eigenschaft?

[523] Das um 3 vermehrte Sechsfache einer natürlichen Zahl ist kleiner oder höchstens gleich dem Fünffachen der um 1 vermehrten Zahl. Welche natürlichen Zahlen haben diese Eigenschaft?

[524] das um 8 vermehrte Vierfache einer natürlichen Zahl ist größer als das Vierfache der um 8 vermehrten Zahl. Welche natürlichen Zahlen haben diese Eigenschaft?

[525] Gibt es ganze Zahlen, deren um 4 vermehrtes Dreifaches kleiner als ihr Doppeltes ist?

45. MUSTERAUFGABE:

Der Umfang eines gleichschenkligen Dreiecks soll höchstens 45 cm betragen. Jeder Schenkel soll um 3 cm länger als die Grundseite sein.

Wie lang kann die Grundseite höchstens sein?

Lösung:

Die Variable für die Maßzahl der Länge der Grundseite sei x. Da die Länge einer Strecke nicht negativ sein kann, gilt $x \geq 0$. Hat die Grundseite die Länge x cm, so mißt jeder Schenkel (x+3) cm. Das Dreieck hat damit den Umfang [x+2(x+3)] cm, der aber höchstens 45 cm betragen darf. Deshalb ergibt sich die Ungleichung

$x + 2(x + 3) \leq 45$ bezüglich der Grundmenge $G = \{x \mid x \geq 0\}$.

$$x + 2(x + 3) \leq 45$$
$$3x + 6 \leq 45$$
$$3x \leq 39$$
$$x \leq 13 \ ; \ L = \{x \mid 0 \leq x \leq 13\}$$

Die Grundseite kann höchstens 13 cm lang sein.

[526] Gesucht sind gleichschenklige Dreiecke, deren Grund-
      seiten kürzer als die Schenkel sind. Der Umfang der
      Dreiecke soll 24 cm betragen.
      Wie lang kann die Grundseite eines solchen Dreiecks
      höchstens sein?

[527] Die Grundseite eines gleichschenkligen Dreiecks soll
      mindestens 2 cm länger als jeder Schenkel sein. Das
      Dreieck soll einen Umfang von 86 cm haben.
      Wie lang muß die Grundseite dieses Dreiecks mindestens
      sein?

[528] Wie groß können die Basiswinkel eines stumpfwinkligen
      gleichschenkligen Dreiecks höchstens sein?

*[529] Der Umfang eines Dreiecks soll 60 cm betragen.
      Wie lang kann die längste Dreieckseite höchstens sein?

*[530] Ein Dreieck ABC hat die Seite c = 15 cm. Die Seite a
      ist 3 cm mehr als doppelt so lang wie die Seite b die-
      ses Dreiecks.
      Wie lang muß die Seite b mindestens sein?

46. MUSTERAUFGABE:

3 Liter 60-%-iger Alkohol werden mit Wasser verdünnt.
Wieviel Wasser darf höchstens genommen werden, wenn die Mischung noch mindestens 40-%-ig sein soll?

Lösung:

In 3 Liter 60-%-igem Alkohol sind $0,6 \cdot 3$ Liter reiner Alkohol
enthalten. Nimmt man x Liter Wasser, so erhält man (x+3) Liter Mischung. Da diese mindestens 40-%-ig ist, enthält sie
$0,4(x+3)$ Liter oder mehr reinen Alkohol. Damit ergibt sich
die Ungleichung

$0,4(x + 3) \leq 0,6 \cdot 3$ bezüglich der Grundmenge $G = \{x \mid 0 \leq x\}$.

$0,4\,(x + 3) \leq 0,6 \cdot 3$

$1,2 + 0,4x \leq 1,8$

$0,4x \leq 0,6$

$x \leq 1,5 \; ; \; L = \{x \mid 0 \leq x \leq 1,5\}$

Es dürfen höchstens 1,5 Liter Wasser genommen werden.

[531] 70-%-iger Alkohol wird mit 3 Liter Wasser verdünnt.
Wieviel Liter Alkohol müssen mindestens genommen werden,
wenn die Mischung noch mindestens 50-%-ig sein soll?

[532] In 5 Liter Wasser werden 1,25 Liter Alkohol geschüttet.
Welche Konzentration hat dieser Alkohol mindestens,
wenn die Mischung mindestens 8-%-iger Alkohol sein soll?

[533] Es werden 320 cm^3 eines 80-%-igen Alkohols mit 400 cm^3
eines anderen Alkohols gemischt. Die Konzentration der
Mischung darf höchstens 60-%-ig sein.
Welche Konzentration darf der andere Alkohol höchstens
haben?

[534] Es werden 30-%-iger Alkohol und 4,5 Liter 80-%-iger Alkohol gemischt.
Wieviel Liter des 30-%-igen Alkohols müssen es mindestens
sein, wenn die Mischung höchstens noch 40-%-ig sein soll?

[535] Ein Wirt kauft 90 Liter Wein zum Literpreis von 6,90 DM
und weiteren Wein zum Literpreis von 5,10 DM. Die Mischung soll einen Verkaufspreis von 5,90 DM haben.
Wieviel Liter des billigeren Weins hat der Wirt mindestens gekauft, wenn er ohne Verlust arbeiten will?

[536] Drei Personen A, B und C teilen sich einen Lottogewinn.
A erhält einen doppelt so hohen Betrag wie B und C er-
hält 10 000 DM mehr als B. Insgesamt haben die drei
Personen mindestens 100 000 DM gewonnen.
Welchen Betrag erhält A mindestens?

[537] Fritz ist viermal so alt wie Inge. Fritz ist mindestens
11 Jahre älter als Inge.
Wie alt ist Inge mindestens?

[538] Herr Huber kann bei der Stromabrechnung zwischen zwei
Tarifen wählen:
Tarif A: Grundgebühr 22 DM, Preis je Einheit 15 Pf.
Tarif B: Grundgebühr 31 DM, Preis je Einheit 12 Pf.
Bei welchem Verbrauch ist der Tarif B günstiger?

[539] Herr Maier kann bei einer Abrechnung zwischen folgen-
den Tarifen wählen:
Tarif A: Grundgebühr 60 DM, Preis je Packung 2,32 DM.
Tarif B: Grundgebühr 90 DM, Preis je Packung 1,92 DM.
Bei welchem Verbrauch ist für Herrn Maier der Tarif A
günstiger?

*[540] Firma Müller braucht einen Kredit über 100 000 DM. Sie
erhält zwei Angebote:
Angebot I: Bearbeitungsgebühr 4 % der Kreditsumme,
Zinssatz 12 %;
Angebot II: Bearbeitungsgebühr 2 % der Kreditsumme,
Zinssatz 13 %.
Firma Müller entscheidet sich für das Angebot II.
Wie lange benötigt sie den Kredit höchstens?

3.4   UMSTELLEN VON FORMELN

47. MUSTERAUFGABE:
Gegeben ist die Formel $a + 2b + 3c = 14$.
a) Stelle die Formel nach a um.
b) Stelle die Formel nach b um.
c) Stelle die Formel nach c um.
d) Die Variablen a, b und c sollen so durch drei aufeinanderfolgende natürliche Zahlen belegt werden, daß die Variable
a den Wert der kleinsten der drei Zahlen annimmt.
e) Die Variablen a, b und c sollen so durch drei aufeinanderfolgende ungerade Zahlen belegt werden, daß die Variable
a den Wert der größten der drei Zahlen annimmt.

Lösung:

a) $a + 2b + 3c = 14$ | $- 2b - 3c$

$a + 2b + 3c - 2b - 3c = 14 - 2b - 3c$

$a = 14 - 2b - 3c$

b) $a + 2b + 3c = 14$ | $- a - 3c$

$a + 2b + 3c - a - 3c = 14 - a - 3c$

$2b = 14 - a - 3c$ | $: 2$

$b = \dfrac{14 - a - 3c}{2}$

c) $a + 2b + 3c = 14$ | $- a - 2b$

$a + 2b + 3c - a - 2b = 14 - a - 2b$

$3c = 14 - a - 2b$ | $: 3$

$c = \dfrac{14 - a - 2b}{3}$

d) 1. Lösungsweg:

Berechnung über die Variable a:

$a + 2(a + 1) + 3(a + 2) = 14$

$a + 2a + 2 + 3a + 6 = 14$

$6a + 8 = 14$

$6a = 6$

$a = 1$; 1 ist eine natürliche Zahl

$b = a + 1 = 1 + 1 = 2$; $c = a + 2 = 1 + 2 = 3$

2. Lösungsweg:

Berechnung über die Variable c:

$(c - 2) + 2(c - 1) + 3c = 14$

$c - 2 + 2c - 2 + 3c = 14$

$6c - 4 = 14$

$6c = 18$

$c = 3$

$a = c - 2 = 3 - 2 = 1$; $b = c - 1 = 3 - 1 = 2$

3. Lösungsweg:

Berechnung über die Variable b:

$b - 1 + 2b + 3(b + 1) = 14$

$b - 1 + 2b + 3b + 3 = 14$

$6b + 2 = 14$

$6b = 12$

$b = 2$

$a = b - 1 = 2 - 1 = 1; c = b + 1 = 2 + 1 = 3$

e) 1. Lösungsweg:

Berechnung über die Variable a:

$a + 2(a - 2) + 3(a - 4) = 14$

$a + 2a - 4 + 3a - 12 = 14$

$6a - 16 = 14$

$6a = 30$

$a = 5$; 5 ist eine ungerade Zahl

$b = a - 2 = 5 - 2 = 3; c = a - 4 = 5 - 4 = 1$

2. Lösungsweg:

Berechnung über die Variable c:

$(c + 4) + 2(c + 2) + 3c = 14$

$c + 4 + 2c + 4 + 3c = 14$

$6c + 8 = 14$

$6c = 6$

$c = 1$

$a = c + 4 = 1 + 4 = 5; b = c + 2 = 1 + 2 = 3$

3. Lösungsweg:

Berechnung über die Variable b:

$(b + 2) + 2b + 3(b - 2) = 14$

$b + 2 + 2b + 3b - 6 = 14$

$6b - 4 = 14$

$6b = 18$

$b = 3$

$a = b + 2 = 3 + 2 = 5; c = b - 2 = 3 - 2 = 1$

[541] Stelle die Formel $a + 3b + 5c = 18$ nach b um.

[542] Stelle die Formel $a + 3b - c = 100$ nach c um.

[543] Stelle die Formel $m - 3n + 4k = 77$ nach k um.

[544] Stelle die Formel $x - 7y - 3z = 11$ nach y um.

[545] Stelle die Formel

$$\frac{3d - 5e + 7f}{12} = 108$$

nach f um.

[546] Stelle die Formel

$$\frac{7p + 6q - 9r}{16} = \frac{1}{32}$$

nach r um.

[547] Stelle die Formel $8r - 4s + 36t = 24$ nach s um.

[548] Löse die Formel

$$\frac{\frac{1}{3}f - \frac{1}{4}g + \frac{1}{6}h}{\frac{1}{12}} = 3g$$

nach g auf.

[549] Löse die Formel

$$\frac{0,375x - 1,875y}{0,75} = 0,5y - 1$$

nach y auf.

[550] Gegeben ist die Formel

$$\frac{5r - 7s + 3t}{2} = 2,5.$$

Die Variablen r, s und t sind mit Zahlen so zu belegen, daß s um 2 kleiner als r und um 3 größer als t ist. Welche Werte nehmen die Variablen r, s und t dann an?

48. MUSTERAUFGABE:

Gegeben ist die Formel $\frac{a + b}{2} \cdot c = d$.

a) Gegeben sind die Werte a = 24, b = 10 und d = 204. Wie groß ist c?

b) Gegeben sind die Werte a = 25, c = 12 und d = 216. Wie groß ist b?

c) Gegeben sind die Werte b = 15, c = 12 und d = 264. Wie groß ist a?

Lösung:

a) $\frac{a + b}{2} \cdot c = d$

$c(a + b) = 2d$

$$c = \frac{2d}{a + b} = \frac{2 \cdot 204}{24 + 10} = \frac{408}{34} = 12$$

b) $\frac{a + b}{2} \cdot c = d$

$c(a + b) = 2d$

$a + b = \frac{2d}{c}$

$$b = \frac{2d}{c} - a = \frac{2d - ac}{c} = \frac{2 \cdot 216 - 25 \cdot 12}{12}$$

$$= \frac{432 - 300}{12} = \frac{132}{12} = 11$$

c) $\frac{a + b}{2} \cdot c = d$

$c(a + b) = 2d$

$$a + b = \frac{2d}{c}$$

$$a = \frac{2d}{c} - b = \frac{2d - bc}{c} = \frac{2 \cdot 264 - 15 \cdot 12}{12}$$

$$= \frac{528 - 180}{12} = \frac{348}{12} = 29$$

[551] Gegeben ist die Formel $\frac{m + n}{3} \cdot s = t$ mit m = 4, n = 8

und t = 28.

Wie groß ist s?

[552] Gegeben ist die Formel $\frac{p - q}{5} \cdot r = s$ mit q = 6, r = 19

und s = 57.

Wie groß ist p?

[553] Gegeben ist die Formel $\frac{c - d}{4} \cdot e = f$ mit c = 31, e = 11

und f = 77.

Wie groß ist d?

[554] Gegeben ist die Formel $\frac{k - l}{3} \cdot m = n + \frac{1}{2}$ mit k = 19,

l = 1 und m = 5.

Wie groß ist n?

*[555] Gegeben ist die Formel $\frac{1}{a} - \frac{1}{b} = \frac{1}{c}$ mit $a = \frac{2}{5}$ und $c = \frac{4}{7}$.

Wie groß ist b?

49. MUSTERAUFGABE:

Gegeben ist die Formel

$$z = \frac{x_1 y_1 + x_2 y_2}{x_1 + x_2}.$$

a) Berechne z für x_1 = 200, x_2 = 800, y_1 = 40 und y_2 = 60.

b) Berechne y_1 für x_1 = 700, x_2 = 300, y_2 = 20 und z = 62.

c) Berechne y_2 für x_1 = 32, x_2 = 64, y_1 = 72 und $z = 82\frac{2}{3}$.

d) Berechne x_1 für x_2 = 900, y_1 = 40, y_2 = 60 und z = 58

Lösung:

a) $z = \frac{x_1 y_1 + x_2 y_2}{x_1 + x_2} = \frac{200 \cdot 40 + 800 \cdot 60}{200 + 800} = \frac{8000 + 48000}{1000}$

$= \frac{56000}{1000}$

$= 56$

b) $\dfrac{x_1y_1 + x_2y_2}{x_1 + x_2} = z$

$x_1y_1 + x_2y_2 = z(x_1 + x_2)$

$x_1y_1 = z(x_1 + x_2) - x_2y_2$

$y_1 = \dfrac{z(x_1 + x_2) - x_2y_2}{x_1}$

$y_1 = \dfrac{62(700 + 300) - 300 \cdot 20}{700} = \dfrac{62 \cdot 1000 - 6000}{700}$

$\quad = \dfrac{62000 - 6000}{700} = \dfrac{56000}{700}$

$\quad = 80$

c) $\dfrac{x_1y_1 + x_2y_2}{x_1 + x_2} = z$

$x_1y_1 + x_2y_2 = z(x_1 + x_2)$

$x_2y_2 = z(x_1 + x_2) - x_1y_1$

$y_2 = \dfrac{z(x_1 + x_2) - x_1y_1}{x_2}$

$y_2 = \dfrac{82\frac{2}{3}(32 + 64) - 32 \cdot 72}{64} = \dfrac{82\frac{2}{3}(1 + 2) - 72}{2}$

$\quad = \dfrac{\frac{248}{3} \cdot 3 - 72}{2} = \dfrac{248 - 72}{2} = 124 - 36$

$\quad = 88$

d) $\dfrac{x_1y_1 + x_2y_2}{x_1 + x_2} = z$

$x_1y_1 + x_2y_2 = z(x_1 + x_2)$

$x_1y_1 + x_2y_2 = zx_1 + zx_2$

$x_1y_1 - zx_1 = zx_2 - x_2y_2$

$x_1(y_1 - z) = x_2(z - y_2)$

$x_1 = \dfrac{x_2(z - y_2)}{y_1 - z}$

$\quad = \dfrac{900(58 - 60)}{40 - 58} = \dfrac{900(-2)}{-18} = \dfrac{-1800}{-18}$

$\quad = 100$

*[556] Berechne nach der Formel in der Musteraufgabe den Wert x_2 für $x_1 = 550$, $y_1 = 30$, $y_2 = 70$ und $z = 48$.

*[557] Gegeben ist die Formel

$$r = \frac{2m + 3n}{m - n}.$$

a) Stelle die Formel nach m um.

b) Es ist n = 6 und r = 17.
Wie groß ist m?

c) Berechne m für n = 3 und r = 17.

d) Berechne m für n = 6 und r = 22.

e) Berechne m für n = 5 und r = 27.

f) Berechne m für n = 10 und r = 12.

g) Löse die Formel nach n auf.

h) Gegeben ist m = 2 und r = 5.
Wie groß ist n?

*[558] Gegeben ist die Formel

$$3c = \frac{5d - 4f}{f - d} - 1.$$

a) Löse die Formel nach d auf.

b) Es ist c = $-\frac{1}{3}$ und f = 10.
Wie groß ist d?

c) Es ist c = -0,5 und f = 9.
Wie groß ist d?

d) Es ist c = $-\frac{4}{3}$ und f = 2.
Wie groß ist d?

e) Welche Form nimmt die Formel für d an, wenn f durch 2c + 4 ersetzt wird?

f) Stelle die zuletzt erarbeitete Formel nach c um.

*[559] Gegeben ist die Formel

$$\frac{1}{a} - \frac{1}{b} = \frac{1}{c}.$$

a) Stelle die Formel nach c um.

b) Stelle die Formel nach a um.

c) Stelle die Formel nach b um.

d) Gegeben sind a = 6 und c = 8.
Wie groß ist b?

e) Es ist a um 1 kleiner als b.
Wie groß ist c?

*[560] Gegeben ist die Formel

$$x = \frac{ab - cd}{e^2}.$$

a) Löse die Formel nach a auf.

b) Stelle die Formel nach d um.

c) Berechne b für a = 12, c = 6, d = 1, e = 5 und
   x = 1,04.

d) Berechne c für a = 5, b = 12, d = 7, e = 4 und
   x = 2,4375.

4   PRODUKTE VON SUMMEN UND DIFFERENZEN
4.1   MULTIPLIKATION VON SUMMEN UND DIFFERENZEN

50. MUSTERAUFGABE:

Löse die Klammern der folgenden Terme auf und vereinfache.

a) $a(2a + 3b) - 2a(a - 5b)$

b) $xy(x^2 - 3x + 21) - 3y(-x^2 + 7x + 1)$

Lösung:

a) $a(2a + 3b) - 2a(a - 5b) = (2a^2 + 3ab) - (2a^2 - 10ab)$

$$= 2a^2 + 3ab - 2a^2 + 10ab$$

$$= 13ab$$

b) $xy(x^2 - 3x + 21) - 3y(-x^2 + 7x + 1)$

$$= (x^3y - 3x^2y + 21xy) - (-3x^2y + 21xy + 3y)$$

$$= x^3y - 3x^2y + 21xy + 3x^2y - 21xy - 3y$$

$$= x^3y - 3y$$

Löse in den folgenden Aufgaben zunächst die Klammern auf und
fasse danach gegebenenfalls zusammen.

[561] $7(a + b) + 13(2a - 3b)$

[562] $2(a + 3b + 5c) - 3(a - 2b + 2c)$

[563] $3(a + b) + 4(2a - 7b) - 2(a + 2b) - 5(3a - 5b)$

[564] $7(x - 3x^2) + 3(8x^2 + 2x - 7) - 7(4x + 3)$

[565] $5a(3b + 6c) + 4b(2a - c) - 3c(10a + b)$

[566] $x(x + y)$ [567] $(-x)(x - y)$

[568] $ab(a + b)$ [569] $(-ab)(a + b)$

[570] $(-ab)(a - b)$ [571] $3a(4a - 2b) - 2(a^2 + ab)$

[572] $x(x + y) + y(x - y)$ [573] $x(x - y) - y(x - y)$

[574] $x(x - y) - y(x + y)$ [575] $(-x)(x - y) + x(x + y)$

[576] $3x(4x - 6y) - 4x(2x - 3y)$

[577] $7(x^2 + 13x) - 13x(2x + 7) + 13x(x - 2)$

[578] $8d^2 - 5d(2e - d) + 4d(-3d - 5e)$

[579] $4xy(3x^2 + 2xy - 4y^2) - y^2(8x^2 + 7xy)$

[580] $(-2xy)(3xy + 4x - y) - x^2(2y^2 - 8y + x)$

51. MUSTERAUFGABE:

Löse die Klammern der folgenden Terme auf und vereinfache.

a) $(2a + 3)(a - 4)$

b) $(3x - 4)(x + 2) - 4(x - 2)(x + 1)$

Lösung:

a) $(2a + 3)(a - 4) = 2a \cdot a - 2a \cdot 4 + 3a - 3 \cdot 4$

$\qquad\qquad\qquad\quad = 2a^2 - 8a + 3a - 12$

$\qquad\qquad\qquad\quad = 2a^2 - 5a - 12$

b) $(3x - 4)(x + 2) - 4(x - 2)(x + 1)$

$\quad = 3x \cdot x + 2 \cdot 3x - 4x - 4 \cdot 2 - 4(x^2 + x - 2x - 2)$

$\quad = 3x^2 + 6x - 4x - 8 - 4x^2 - 4x + 8x + 8$

$\quad = -x^2 + 6x$

Löse in den folgenden Aufgaben zunächst die Klammern auf und fasse gegebenenfalls zusammen.

[581] $(a + 3)(a - 4)$ [582] $(b - 1)(b - 8)$

[583] $(c + 7)(6 - c)$ [584] $(d - 3)(4 - d)$

[585] $(e + 15)(e - 7)$ [586] $(f + 12)(2f - 7)$

[587] $(2g + 3)(g - 13)$ [588] $(2x - 4)(x + 3)$

[589] $(3a + 6b)(4a - 5b)$ [590] $(xy + 3)(4 - 5xy)$

[591] $(0,4a + 5,2b)(3,6a + 0,8b)$

[592] $(0,8a - 3,2b)(3,2a - 0,8b)$

[593] $(1,2a - 2,3c)(1,7a + 2,3c)$

[594] $(a + 4)(a - 3) - (a - 7)(a + 3)$

[595] $(b - 2)(3 - b) + (b + 11)(b - 1)$

[596] $(c - 2)(2c + 4) - 2(c + 3)(c - 5)$

[597] $(3d - 4e)(6d - 5e) - (6d - e)(3d + 2e)$

[598] $5(2f + 3)(f + 2) - 2(5f - 4)(f - 1)$

[599] $7(2x - 3)(x + 12) + 2(x + 4)(5 - x)$

[600] $3(5y - 1)(y + 6) - 6(2y + 3)(3y - 1)$

52. MUSTERAUFGABE:

Löse in beiden Aufgaben die Klammern auf und fasse zusammen.

a) $(a - 1)(a^2 + a - 1) - a(a + 1)(a - 1)$

b) $(a - b)(a + 2b + c) + b(a - c)$

Lösung:

a) $(a - 1)(a^2 + a - 1) - a(a + 1)(a - 1)$

$= a^3 + a^2 - a - a^2 - a + 1 - a(a^2 - a + a - 1)$

$= a^3 - 2a + 1 - a(a^2 - 1)$

$= a^3 - 2a + 1 - (a^3 - a)$

$= a^3 - 2a + 1 - a^3 + a$

$= 1 - a$

b) $(a - b)(a + 2b + c) + b(a - c)$

$= a^2 + 2ab + ac - ab - 2b^2 - bc + ab - bc$

$= a^2 - 2b^2 + 2ab + ac - 2bc$

Löse in den folgenden Aufgaben jeweils die Klammern auf und fasse anschließend zusammen.

[601] $(x - 1)(x^2 + x + 1)$ [602] $(a + b)(a^2 - ab + b^2)$

[603] $(a - b)(a^2 + ab + b^2)$

[604] $(a^2 - a)(2a^2 + a - 4) - a(2a + 4)$

[605] $(a - b)(a + 2ab + c) - a(a - b + c)$

[606] $(4x - 7y)(x + 2y) - (3x + y)(4y - x) - (x + 2y)(9y + 7x)$

[607] $(4a - 7b)(a + b) - (4a + 8b)(2a - 6b) + (2a - b)(3a + 9b)$

[608] $(2x + 4)(5x^2 - 11x + 2) + (2 - x)(2x^2 + 20x)$

[609] $(x + y)(-x - y + 1) + (x - y)(-x - y + 1)$

[610] $(x + 1)(x^2 - 2x + 1) + (x + 2)(x^2 + x + 1)$

53. MUSTERAUFGABE:

Löse in beiden Aufgaben die Klammern auf und fasse zusammen.

a) $(a + b + c)^2 + (a - b - c)^2$

b) $(3x - y)^3$

Lösung:

a) $(a + b + c)^2 + (a - b - c)^2$

$= (a + b + c)(a + b + c) + (a - b - c)(a - b - c)$

$= a^2 + ab + ac + ab + b^2 + bc + ac + bc + c^2$

$ + a^2 - ab - ac - ab + b^2 + bc - ac + bc + c^2$

$= 2a^2 + 2b^2 + 2c^2 + 4bc$

b) $(3x - y)^3 = [(3x - y)(3x - y)](3x - y)$

$ = [9x^2 - 3xy - 3xy + y^2](3x - y)$

$ = (9x^2 - 6xy + y^2)(3x - y)$

$ = 27x^3 - 9x^2y - 18x^2y + 6xy^2 + 3xy^2 - y^3$

$ = 27x^3 - 27x^2y + 9xy^2 - y^3$

Löse in den folgenden Aufgaben jeweils die Klammern auf und fasse anschließend zusammen.

[611] $(a + b + c)(m + n)$ [612] $(a + b + c)(m + n + p)$

[613] $(a - b + c)^2$

[614] $(3a + 2b + 5c)(4a - b + 2c) - (4a - 2c)(3a + 2b)$

[615] $(5a - 7b + 3c)(-2a + 3b - 8c) - (3b + 8c)(5a - 3c)$

[616] $(6a - 4b + 2c)^2 - (2a + b - 8c)^2$

[617] $(3a - 2b - 5c)(6a - 5b + 2c) - (2a - 2b - 5c)(6a - 5b + 2c$

[618] $x(x + 1)(x - 1)$ [619] $(a + 1)(a - 1)(a + 2)$

[620] $(b + 1)(b + 2)(b + 3)$ [621] $(2c + 1)(3c + 2)(4c + 3)$

[622] $(x - 1)^3$ [623] $(x - 1)^4$

[624] $x(x - 7)(x + 4) - (x - 1)^3$

[625] $(a + b)^3 - (a - b)^3$ [626] $(a - b)^3 - (a + b)^3$

[627] $(a + b)^3 + (a - b)^3$ *[628] $(m + n)^4 + (m - n)^4$

*[629] $(a + z)^4 - (a - z)^4$

*[630] $(a + 1)^2(a - 1)^2 - (a^2 + 1)(a^2 - 1)$

54. MUSTERAUFGABE:

Berechne die folgenden Terme und fasse zusammen.

a) $(a + b)^2$

b) $(a - b)^2$

c) $(a + b)(a - b)$

Lösung:

a) $(a + b)^2 = (a + b)(a + b)$
$$= a^2 + ab + ba + b^2$$
$$= a^2 + 2ab + b^2$$

b) $(a - b)^2 = (a - b)(a - b)$
$$= a^2 - ab - ba + b^2$$
$$= a^2 - 2ab + b^2$$

c) $(a + b)(a - b) = a^2 - ab + ba - b^2$
$$= a^2 - b^2$$

Berechne in den folgenden Aufgaben die Terme und fasse zusammen.

[631] $(x + y)^2$ [632] $(u + v)^2$

[633] $(r + s)^2$ [634] $(p + q)^2$

[635] $(x - y)^2$ [636] $(u - v)^2$

[637] $(r - s)^2$ [638] $(p - q)^2$

[639] $(x + y)(x - y)$ [640] $(u + v)(u - v)$

[641] $(r + s)(r - s)$ [642] $(p + q)(p - q)$

[643] $(-x - y)^2$ [644] $(-u - v)^2$ $u^2 + 2uv + v^2$

[645] $(-p - q)^2$ $p^2 + pq + q^2$

55. MUSTERAUFGABE:

Verwende die binomischen Formeln,

$(a + b)^2 = a^2 + 2ab + b^2$ (I)

$(a - b)^2 = a^2 - 2ab + b^2$ (II)

$(a + b)(a - b) = a^2 - b^2$ (III)

um die angegebenen drei Terme auszumultiplizieren:

a) $(2x + 3)^2$ $4x^2 + 12y + 9$

b) $(3x - 4y)^2$

c) $(5u + 7v)(5u - 7v)$

Lösung:

a) Verwendet man $(a + b)^2 = a^2 + 2ab + b^2$ und setzt a = 2x
und b = 3, dann erhält man
$$(2x + 3)^2 = (2x)^2 + 2 \cdot 2x \cdot 3 + 3^2$$
$$= 4x^2 + 12x + 9$$

b) Verwendet man $(a - b)^2 = a^2 - 2ab + b^2$ und setzt a = 3x
und b = 4y, dann erhält man
$$(3x - 4y)^2 = (3x)^2 - 2 \cdot 3x \cdot 4y + (4y)^2$$
$$= 9x^2 - 24xy + 16y^2$$

c) Verwendet man $(a + b)(a - b) = a^2 - b^2$ und setzt a = 5u
und b = 7v, dann erhält man
$$(5u + 7v)(5u - 7v) = (5u)^2 - (7v)^2$$
$$= 25u^2 - 49v^2$$

**Berechne die folgenden Aufgaben mit Hilfe der binomischen
Formeln.**

[646] $(2p + 3q)^2$ [647] $(2x + 7)^2$

[648] $(8a + b)^2$ [649] $(6a - 5b)^2$

[650] $(9x - 7y)^2$ [651] $(4a - 13b)^2$

[652] $(x + 1)(x - 1)$ [653] $(11x + 8y)(11x - 8y)$

[654] $(a - 9b)(a + 9b)$ [655] $(16 - a)(16 + a)$

[656] $(-8 + s)^2$ [657] $(-6x - 5y)^2$

[658] $(3a - 2b)(3a - 2b)$

[659] $(8,6u - 7,2v)(8,6u + 7,2v)$

[660] $(2,7a - 3,1b)^2$ [661] $(14a - 17b)(14a - 17b)$

[662] $(13p + 14q)(13p - 14q)$ [663] $(xy - z)(xy + z)$

[664] $(ab + bc)^2$ [665] $(2ab - 3bc)^2$

56. MUSTERAUFGABE:

Berechne mit Hilfe einer geeigneten binomischen Formel

a) 72^2 b) 107^2

c) $88 \cdot 92$ d) $52^2 - 37^2$

Lösung:

a) 1. Lösungsweg:
$$72^2 = (70 + 2)^2$$
$$= 70^2 + 2 \cdot 2 \cdot 70 + 2^2$$
$$= 4900 + 280 + 4$$
$$= 5184$$

2. Lösungsweg:
$$72^2 = (80 - 8)^2$$
$$= 80^2 - 2 \cdot 8 \cdot 80 + 8^2$$
$$= 6400 - 1280 + 64$$
$$= 5184$$

b) 1. Lösungsweg:
$$107^2 = (110 - 3)^2$$
$$= 110^2 - 2 \cdot 3 \cdot 110 + 3^2$$
$$= 12100 - 660 + 9$$
$$= 11449$$

2. Lösungsweg:
$$107^2 = (100 + 7)^2$$
$$= 100^2 + 2 \cdot 7 \cdot 100 + 7^2$$
$$= 10000 + 1400 + 49$$
$$= 11449$$

c) $88 \cdot 92 = (90 - 2) \cdot (90 + 2) = 90^2 - 2^2 = 8100 - 4$
$$= 8096$$

d) $52^2 - 37^2 = (52 + 37) \cdot (52 - 37) = 89 \cdot 15$
$$= 1335$$

Berechne die folgenden Aufgaben unter Verwendung einer geeigneten binomischen Formel.

[666] 83^2

[667] 49^2

[668] 404^2

[669] 95^2

[670] 119^2

[671] $37 \cdot 43$

[672] $97 \cdot 103$

[673] $1016 \cdot 984$

[674] $27^2 - 13^2$

[675] $88^2 - 12^2$

57. MUSTERAUFGABE:

Vereinfache den Term
$$(3a + 4b)^2 + (4a - b)^2 - (5a + 3b)(5a - 3b).$$
Lösung:
$$(3a + 4b)^2 + (4a - b)^2 - (5a + 3b)(5a - 3b)$$
$$= (9a^2 + 24ab + 16b^2) + (16a^2 - 8ab + b^2) - (25a^2 - 9b^2)$$
$$= 9a^2 + 24ab + 16b^2 + 16a^2 - 8ab + b^2 - 25a^2 + 9b^2$$
$$= 26b^2 + 16ab$$

Die folgenden Terme sind zu vereinfachen.

[676] $(a + b)^2 + (a - b)^2$ [677] $(a - b)^2 - (a + b)^2$

[678] $(a + b)^2 - (a + b)(a - b)$ [679] $(a + b)(a - b) - (a - b)^2$

[680] $(6a + 3b)^2 - (2a + 9b)^2$ [681] $(5c - 6d)^2 + (4c + 3d)^2$

[682] $(4a + 7b)^2 - (7b - 4a)^2$ [683] $(7x - 3)^2 - (3 - 7x)^2$

[684] $(3a + 2b)(3a - 2b) + (3a + 2b)^2 + (3a - 2b)^2$

[685] $(6p + 3q)^2 - (6p - 3q)(6p + 3q) + (6q - 3p)^2$

[686] $(2x + 3y)(3x - 2y) - 6(x + 2y)^2$

[687] $(5x + 3)^2 + (3x - 1)^2 - (13x + 5)(13x - 5)$

[688] $(3a + 2)^2 - 7(a - 3)^2 - 2(a + 2)(a - 2)$

[689] $(x - 1)(x + 1)(x^2 + 1)$ [690] $(2x - 3y)(2x + 3y)(4x^2 + 9y^2$

4.3   ZERLEGUNG IN PRODUKTE

ausklammern!

58. MUSTERAUFGABE:

Schreibe die beiden Terme

a) $16xy + 48x^2$

b) $35ax - 56ay + 7a$

als Produkte.

Lösung:

a) $16xy = 2^4 \cdot xy$

     $48x^2 = 2^4 \cdot 3 \cdot x^2$

     Größter gemeinsamer Faktor beider Terme ist $2^4 \cdot x = 16x$.

     $16xy + 48x^2 = 16x \cdot y + 16x \cdot 3x$

                 $= 16x(y + 3x)$

b) Größter gemeinsamer Faktor der drei Terme ist $7a$.

     $35ax - 56ay + 7a = 7a \cdot 5x - 7a \cdot 8y + 7a \cdot 1$

                         $= 7a(5x - 8y + 1)$

Schreibe die folgenden Terme jeweils als Produkt.

[691] $77xy - 21x^2y$ [692] $8s^3 + 12s^2 + 2s$

[693] $27m^2n^3 - 18m^3n^2$ [694] $34ab + 85bc - 51b^2$

[695] $91uv^2 - 26uvw + 13uv$ [696] $12x^2y^2 - 8xy^3 - 32x^3y$

[697] $0,8m^2n - 1,2mn^2$ *[698] $a(x - 13) + b(x - 13)$

*[699] $r(x - y) - (y - x)$

*[700] $(4a - 5b)(3x + 7y) - (4a - 8b)(3x + 7y) + (2a - 3b)(3x + 7y)$

59. MUSTERAUFGABE:

Schreibe die drei Terme

a) $4x^2 + 28x + 49$

b) $64x^2 - 80xy + 25y^2$

c) $y^4 - 16$

als Produkte.

Lösung:

Um diese Aufgaben zu lösen, verwenden wir die binomischen Formeln.

a) $4x^2 = (2x)^2$ und $49 = 7^2$ sind Quadrate. Daher versuchen wir, weil das "gemischte" Glied positives Vorzeichen hat, die erste binomische Formel anzuwenden. Wir setzen a = 2x und b = 7 und überprüfen, ob 2ab = 28x erfüllt ist: $2ab = 2 \cdot 2x \cdot 7 = 28x$. Damit ergibt sich:

$$4x^2 + 28x + 49 = (2x + 7)^2.$$

b) $64x^2 = (8x)^2$ und $25y^2 = (5y)^2$ sind Quadrate. Daher versuchen wir, weil das "gemischte" Glied negatives Vorzeichen hat, die zweite binomische Formel anzuwenden. Wir setzen a = 8x und b = 5y und überprüfen, ob 2ab = 80xy erfüllt ist: $2ab = 2 \cdot 8x \cdot 5y = 80xy$.

Damit ergibt sich:

$$64x^2 - 80xy + 25y^2 = (8x - 5y)^2.$$

c) $y^4 = (y^2)^2$ und $16 = 4^2$ sind Quadrate. Nach der dritten binomischen Formel $(a + b)(a - b) = a^2 - b^2$ ergibt sich zunächst

$$y^4 - 16 = (y^2 + 4)(y^2 - 4).$$

Den ersten Faktor $y^2 + 4$ können wir nicht weiter in Faktoren zerlegen, wohl aber den zweiten Faktor $y^2 - 4$. Wenden wir dafür nochmals den dritten binomischen Satz an, dann gilt

$$y^2 - 4 = (y + 2)(y - 2).$$

Somit erhalten wir durch zweimaliges Anwenden der dritten binomischen Formel:

$$y^4 - 16 = (y^2 + 4)(y + 2)(y - 2).$$

Schreibe die folgenden Terme jeweils als Produkt.

[701] $4a^2 - 4ab + b^2$ [702] $a^2 + 4ab + 4b^2$

[703] $9a^2 - 49b^2$ [704] $9a^2 + 12ab + 4b^2$

[705] $36a^2 - 12ab + b^2$ [706] $144a^2 + 48ab + 4b^2$

[707] $25x^2 - 4y^2$ [708] $1 - 1,21s^2$

[709] $1 - 4x + 4x^2$ [710] $1,69p^2 - 1,96q^2$

[711] $6,25x^2 + 8xy + 2,56y^2$ *[712] $16x^4 - 81$

*[713] $81x^4 - 18x^2 + 1$ *[714] $a^2 + 49b^2 + 14ab$

*[715] $576a^2 + 25b^2 - 240ab$

60. MUSTERAUFGABE:

Schreibe den Term
$$27a^3 - 126a^2b + 147ab^2$$
als Produkt.

Lösung:

Wir ziehen zunächst den größten gemeinsamen Faktor 3a vor die Klammer:

$$27a^3 - 126a^2b + 147ab^2 = 3a \cdot 9a^2 - 3a \cdot 42ab + 3a \cdot 49b^2$$
$$= 3a(9a^2 - 42ab + 49b^2).$$

Danach wenden wir die erste binomische Formel an:
$$3a(9a^2 - 42ab + 49b^2) = 3a(3a + 7b)^2.$$

Schreibe die folgenden Terme jeweils als Produkt:

[716] $8a^2 - 98b^2$ [717] $x^3 - 25x$

[718] $2x^3y - 18xy^3$ [719] $72x^2 - 338$

[720] $44a^2 + 44ab + 11b^2$ [721] $63a^3 + 294a^2b + 343ab^2$

[722] $8x^2 - 8xy + 2y^2$ *[723] $24pq^2 - 18p^2q$

*[724] $588x^2 + 420x^2y + 75x^2y^2$ *[725] $x^5 - 8x^3 + 16x$

61. MUSTERAUFGABE:

a) Berechne die Terme
   $(x + 3)(x - 5)$ und $(x + a)(x + b)$.

b) Schreibe
   $x^2 - 10x + 16$
   als Produkt.

Lösung:

a) $(x + 3)(x - 5) = x^2 - 5x + 3x - 3\cdot5$

$\qquad\qquad\qquad = x^2 + (3 - 5)x - 15$

$\qquad\qquad\qquad = x^2 - 2x - 15$

$\quad (x + a)(x + b) = x^2 + bx + ax + ab$

$\qquad\qquad\qquad = x^2 + (a + b)x + ab$

b) Zwar sind x^2 und auch $16 = 4^2$ Quadrate, aber $(x - 4)^2$ ergibt $x^2 - 8x + 16$ und nicht $x^2 - 10x + 16$, deshalb hilft
hier die zweite binomische Formel nicht weiter.

Auch läßt sich aus $x^2 - 10x + 16$ kein allen Summanden gemeinsamer Faktor abspalten.

Mit Hilfe der Formel

$\quad (x + a)(x + b) = x^2 + (a + b)x + ab$

kommen wir dann weiter, wenn wir Zahlen a und b mit folgenden Eigenschaften finden:

$a + b = -10$ und $a \cdot b = 16$.

Solche Zahlen findet man praktisch dann leicht, wenn sie
sogar ganzzahlig sind; denn dann kommen wegen $ab = 16$ nur
die Teiler

$+1, -1, +2, -2, +4, -4, +8, -8, +16, -16$

von 16 in Frage.

a	+ 1	- 1	+ 2	- 2	+ 4	- 4
b	+16	-16	+ 8	- 8	+ 4	- 4
a+b	+17	-17	+10	-10.	+ 8	- 8
a·b	+16	+16	+16	+16	+16	+16

Für $a = -2$ und $b = -8$ (oder umgekehrt für $a = -8$ und
$b = -2$) ist sowohl $a+b = -10$ als auch $a \cdot b = 16$ erfüllt.
Somit erhalten wir:

$x^2 - 10x + 16 = (x - 2)(x - 8)$.

Zerlege die folgenden Terme jeweils in Faktoren.

[726] $x^2 - 5x + 6$ \qquad\qquad [727] $x^2 + 3x - 4$

[728] $x^2 + 2x - 8$ \qquad\qquad [729] $x^4 + 3x^3 - 10x^2$

[730] $3x^2 + 6x - 24$ \qquad\qquad [731] $2x^2 - 10x - 208$

1) $(x - 3)(x - 2)$

2) $(x + 4)(x - 2)$

3) $3(x + 4)(x - 2)$

*[732] $x^3 + 4x^2 - 77x$ *[733] $x^4 - 4x^2 - 77$

*[734] $x^4 - 5x^2 + 4$ *[735] $x^4 + 30x^2 + 221$

4.4   GLEICHUNGEN

62. MUSTERAUFGABE:

Grundmenge sei die Menge Q der rationalen Zahlen. Bestimme die Lösungsmenge der folgenden Gleichung und führe die Probe durch.

$(x - 3)^2 + (x - 5)(x + 5) = (2x + 3)(x - 4)$.

Lösung:

$$(x - 3)^2 + (x - 5)(x + 5) = (2x + 3)(x - 4)$$
$$x^2 - 6x + 9 + x^2 - 25 = 2x^2 - 8x + 3x - 12$$
$$x = -4$$

Probe:

$T_1(-4) = (-4-3)^2 + (-4-5)(-4+5) = (-7)^2 + (-9) \cdot 1 = 40,$

$T_r(-4) = [2 \cdot (-4) + 3] \cdot (-4-4) = (-5) \cdot (-8) = 40.$

Da die Aussage "$T_1(-4) = T_r(-4)$" wahr ist, ist -4 ein Lösungselement der vorgegebenen Gleichung: L = {-4}.

Bestimme zu den folgenden Gleichungen bezüglich der Grundmenge Q die Lösungsmengen und führe jeweils die Probe durch.

[736] $(x + 4)^2 - (x - 7)^2 = 209$

[737] $(x - 4)^2 - (x - 3)(x + 3) = 25$

[738] $(x - 1)(x + 1) - x(x + 2) + 7 = 0$

[739] $(x + 3)^2 - x(x + 4) = 17$

[740] $7(6x - 1) = 3(x + 2)^2 - 5(x - 1)^2 + 2(x + 3)^2$

[741] $(x + 1)^2 + (x + 4)^2 = (x - 5)^2 + x(x + 16)$

[742] $(8 - x)(2 + x) - (7 - x)(x + 1) = 6(x - 4)$

[743] $(x - 6)^2 - (x - 9)^2 - (x + 10)^2 + (x + 9)^2 = 0$

[744] $(x + 15)(x - 15) = (x - 10)^2 - (x - 2)^2 + (x - 3)^2$

[745] $4(4x + 1)^2 - (2x + 3)^2 - (8x + 5)(8x - 5) + (2x + 10)(2x - 10) = 0$

[746] $(x - 3)^2 - (2 - x)(x + 5) = (x - 4)(2x + 3) - 1$

[747] $(7x - 23)(2x + 5) - (2x - 5)(4x - 9) = (6x - 8)(x + 20)$

[748] $100 - (x - 9)(3x - 8) - 3x(13 - x) = 0$

*[749] $(3x + 9)^2 + (4x + 5)^2 - (5x + 10)^2 = 0$

*[750] $(x + 2)^2 + (x + 1)^2 = (x - 2)^2 + (x - 1)^2$

63. MUSTERAUFGABE:

Bestimme zu der folgenden Gleichung bezüglich der Grundmenge
$\mathbb{Q}$ die Lösungsmenge.

$(x - 7)(x + 5) = 0$.

Lösung:

$(x - 7)(x + 5) = 0$

Das Besondere an dieser Gleichung ist, daß ein Produkt den
Wert 0 annehmen soll. Weil ein Produkt zweier reeller Zahlen
dann und nur dann 0 ist, wenn mindestens einer der beiden
Faktoren selbst 0 ist, ergeben sich zwei Möglichkeiten:

1. Möglichkeit: $x_1 - 7 = 0$ 2. Möglichkeit: $x_2 + 5 = 0$

$\qquad\qquad\qquad x_1 = 7$ $\qquad\qquad\qquad\qquad\qquad x_2 = -5$

Anmerkung:

"$(x - 7)(x + 5) = 0$" ist gleichwertig zur Aussageform
"$x - 7 = 0$ oder $x + 5 = 0$".

Lösungsmenge:

$L = \{-5;\ 7\}$.

Bestimme zu den folgenden Gleichungen bezüglich der Grundmenge
$\mathbb{Q}$ die Lösungsmengen.

[751] $(x - 4)(x - 5) = 0$ $\qquad$ [752] $(x + 8)(x - 7) = 0$

[753] $(x + 3,5)(x + 4,5) = 0$ $\qquad$ [754] $(x - 1,4)(x - 3,1) = 0$

[755] $x(x - 3) = 0$ $\qquad$ [756] $x(x + 4)^2 = 0$

[757] $(x - \frac{1}{4})(x + \frac{1}{3}) = 0$ $\qquad$ [758] $(x + 1\frac{2}{3})(x - 2\frac{3}{4}) = 0$

*[759] $2(3x - 6)(2x + 4) = 0$ $\quad$ *[760] $2x(3x - 4)(-x + 2) = 0$

64. MUSTERAUFGABE:

Bestimme die Lösungsmenge der Gleichung

$x^2 + x - 20 = 0$

bezüglich der Grundmenge Q und führe die Probe durch.

Lösung:

Die Lösungsmenge einer solchen "quadratischen" Gleichung

$x^2 + x - 20 = 0$

läßt sich dann leicht angeben, wenn es gelingt, den linken Term als Produkt von "linearen" Faktoren zu schreiben.

Wegen $x^2 + x - 20 = (x + 5)(x - 4)$ ist die vorgegebene Gleichung äquivalent zur Gleichung

$(x + 5)(x - 4) = 0$.

1. Möglichkeit: 2. Möglichkeit:

$\qquad x_1 + 5 = 0 \qquad\qquad\qquad x_2 - 4 = 0$

$\qquad\quad x_1 = -5 \qquad\qquad\qquad\quad x_2 = 4$

Probe für $x_1 = -5$:

$T_1(-5) = (-5)^2 + (-5) - 20 = 25 - 5 - 20 = 0,$

$T_r(-5) = 0;$

-5 ist ein Lösungselement der vorgegebenen Gleichung.

Probe für $x_2 = 4$:

$T_1(4) = 4^2 + 4 - 20 = 16 + 4 - 20 = 0,$

$T_r(4) = 0;$

4 ist ein Lösungselement der vorgegebenen Gleichung.

Lösungsmenge: $L = \{-5; 4\}$.

Bestimme zu den folgenden Gleichungen bezüglich der Grundmenge Q die Lösungsmengen.

[761] $x^2 - 3x + 2 = 0$ [762] $x^2 - x - 2 = 0$

[763] $x^2 + x - 2 = 0$ [764] $x^2 + 3x + 2 = 0$

[765] $x^2 - 7x + 12 = 0$ [766] $x^2 - 3x - 10 = 0$

[767] $x^2 - 2x - 8 = 0$ [768] $x^2 + 8x + 15 = 0$

[769] $x^2 - 30x + 200 = 0$ [770] $x^2 + 40x + 300 = 0$

[771] $x^2 - 6x + 9 = 0$ [772] $x^2 - 81 = 0$

*[773] $x^4 - 81 = 0$ *[774] $x^3 - 81x = 0$
*[775] $2x^2 + 2x - 12 = 0$ *[776] $3x^2 - 27x + 60 = 0$
*[777] $2x^2 - 220x + 2000 = 0$ *[778] $x^2 + x + 0,25 = 0$
*[779] $x^2 + 1,5x + 0,5 = 0$ *[780] $x^2 - 0,5x - 0,5 = 0$

4.5   TEXTAUFGABEN

65. MUSTERAUFGABE:

Ein Rechteck ist doppelt so lang wie breit. Vergrößert man
die Länge um 4 m und die Breite um 5 m, so nimmt der Flächeninhalt um 146 m² zu.
Wie lang und wie breit ist das ursprüngliche Rechteck?
Lösung:

Ursprüngliches Rechteck   Abgeändertes Rechteck
        2x   2x+4

┌─────────────────────┐   ┌─────────────────────────┐
│   │   │   │
│ $A = 2x^2$ │ x   │ $A = 2x^2 + 146$ │ x+5
│   │   │   │
└─────────────────────┘   └─────────────────────────┘

Breite in m: x   Breite in m: x + 5
Länge in m: 2x   Länge in m: 2x + 4
Flächeninhalt in m²: 2x²   Flächeninhalt in m²: (2x+4)(x+5)

Da der Flächeninhalt des abgeänderten Rechtecks um 146 m²
größer als der Flächeninhalt des ursprünglichen Rechtecks
sein soll, ergibt sich die Gleichung
$2x^2 + 146 = (2x + 4)(x + 5)$.
Wir bestimmen die Lösungsmenge über der Grundmenge Q^+:
$$2x^2 + 146 = (2x + 4)(x + 5)$$
$$2x^2 + 146 = 2x^2 + 10x + 4x + 20$$
$$126 = 14x$$
$$x = 9 \ ; \ L = \{9\}.$$
Das ursprüngliche Rechteck ist 9 m breit und 2·9m = 18m lang.

Probe:

Das ursprüngliche Rechteck ist 9 m breit, 2·9m = 18m lang
und besitzt einen Flächeninhalt von 9m·18m = 162 m².
Das abgeänderte Rechteck ist (9 + 5)m = 14 m breit,
(18 + 4)m = 22m lang und besitzt einen Flächeninhalt von
14m·22m = 308 m².
Wegen (308 - 162)m² = 146 m² hat das abgeänderte Rechteck
einen um 146 m² größeren Flächeninhalt.

[781] Ein Rechteck ist 8 m länger als breit. Verkürzt man
die längeren Seiten um 2 m und vergrößert die kürzeren Seiten um 3 m, so nimmt der Flächeninhalt um 28 m²
zu.
Wie lang sind die Seiten des ursprünglichen Rechtecks?

[782] Ein Rechteck ist 2 m länger als breit. Vergrößert man
die Länge um 2m und verkleinert die Breite um 3m, so
nimmt der Flächeninhalt um 22,5 m² ab.
Wie lang und wie breit ist das ursprüngliche Rechteck?

[783] Vergrößert man die Seiten eines Quadrates um 2 cm, so
nimmt der Flächeninhalt um 36 cm² zu.
Welche Seitenlänge hat das ursprüngliche Quadrat?

[784] Verkürzt man zwei gegenüberliegende Seiten eines Quadrates jeweils um 2 cm und vergrößert die beiden anderen Seiten jeweils um 4 cm, so ergibt sich ein Rechteck, dessen Flächeninhalt um 24 cm² größer ist als der
des Quadrates.
Welche Seitenlänge hat das Quadrat?

[785] Der Flächeninhalt eines Rechtecks ist um 50 cm² kleiner
als der eines Quadrats.
Wie lang sind die Quadratseiten, wenn diese um 6 cm
länger als die kürzeren Rechteckseiten und um 5 cm
kürzer als die längeren Rechteckseiten sind?

66. MUSTERAUFGABE:

Ein Quader hat die Oberfläche 148 cm². Die Maßzahlen der drei Quaderkanten sind drei aufeinanderfolgende natürliche Zahlen. Wie groß sind die Kantenlängen dieses Quaders?

Lösung:

1. Lösungsweg:

Die kürzeste Kantenlänge sei x cm. Dann sind die beiden anderen Kantenlängen $(x+1)$ cm und $(x+2)$ cm.

Die Oberfläche des Quaders ist $2[x(x+1)+x(x+2)+(x+1)(x+2)]$ cm². Da diese andererseits 148 cm² ist, ergibt sich die Gleichung $2[x(x + 1) + x(x + 2) + (x + 1)(x + 2)] = 148$ mit $G = \mathbb{N}$.

$$x^2 + x + x^2 + 2x + x^2 + 2x + x + 2 = 74$$
$$3x^2 + 6x - 72 = 0$$
$$x^2 + 2x - 24 = 0$$
$$(x - 4)(x + 6) = 0$$

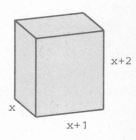

1. Möglichkeit: $x_1 - 4 = 0$,
$$x_1 = 4.$$
2. Möglichkeit: $x_2 + 6 = 0$,
$$x_2 = -6.$$

Die Gleichung hat bezüglich der Grundmenge $\mathbb{N}$ die Lösungsmenge $L = \{4\}$.

Der Quader hat die Kantenlängen 4 cm, 4 cm + 1 cm = 5 cm und 4 cm + 2 cm = 6 cm.

Anmerkung:

Hätte man die Maßzahl der längsten Kantenlänge mit x benannt, dann würde der Ansatz $2[x(x - 1) + x(x - 2) + (x - 1)(x - 2)]=148$ mit $G = \mathbb{N} \setminus \{1;2\}$ auf $x = 6$ geführt haben.

Die beiden anderen Kantenlängen hätten sich dann zu 6 cm - 1 cm = 5 cm und 6 cm - 2 cm = 4 cm ergeben.

2. Lösungsweg:

Die mittlere Kantenlänge sei x cm. Dann sind die beiden anderen Kantenlängen $(x-1)$ cm und $(x+1)$ cm.

Die Oberfläche des Quaders ist $2[x(x-1)+x(x+1)+(x-1)(x+1)]$ cm².

Da diese Oberfläche 148 cm² betragen soll, ergibt sich die
Gleichung

$2[x(x - 1) + x(x + 1) + (x - 1)(x + 1)] = 148$ mit $G = \mathbb{N} \setminus \{1\}$.

$$x^2 - x + x^2 + x + x^2 - 1 = 74$$
$$3x^2 = 75$$
$$x^2 = 25$$
$$x^2 - 25 = 0$$
$$(x - 5)(x + 5) = 0$$
$$x_1 = 5$$
$$x_2 = -5$$

Die Gleichung hat bezüglich der Grundmenge $\mathbb{N} \setminus \{1\}$ die Lösungsmenge $L = \{5\}$.
Der Quader hat die Kantenlängen 5 cm, 5 cm + 1 cm = 6 cm und
5 cm - 1 cm = 4 cm.

[786] Ein Quader hat eine Oberfläche von 208 cm². Die Maßzahlen der drei Quaderkanten sind drei aufeinanderfolgende gerade Zahlen.
Wie groß sind die Kantenlängen?

[787] Ein Quader hat eine Oberfläche von 142 cm². Die Maßzahlen der drei Quaderkanten sind drei aufeinanderfolgende
ungerade Zahlen.
Wie groß sind die Quaderkanten?

[788] Vergrößert man die Kantenlänge eines Würfels um 4 cm,
so nimmt die Oberfläche um 192 cm² zu.
Welche Kantenlänge hatte der ursprüngliche Würfel?

* [789] Ein Würfel hat eine ganzzahlige Kantenlänge. Verkürzt
man die Kantenlänge um 3 cm, so nimmt das Volumen um
1197 cm³ ab.
Welche Kantenlänge hatte der ursprüngliche Würfel?

*[790] Verkürzt man vier Kanten eines Würfels um 1 cm und
verlängert vier andere Kanten um 1 cm, so entsteht
ein Quader, dessen Volumen um 72 cm³ kleiner ist als
das des Würfels.
Welche Kantenlänge hatte der ursprüngliche Würfel?

67. MUSTERAUFGABE:

Kürze die folgenden Bruchterme.

a) $\dfrac{990}{1155}$

b) $\dfrac{39 \cdot 153}{51 \cdot 78}$

c) $\dfrac{16 + 20}{16 + 40}$

Lösung:

a) Die Zerlegung von Zähler und Nenner in Primfaktoren liefert:

$$\frac{990}{1155} = \frac{2 \cdot 3^2 \cdot 5 \cdot 11}{3 \cdot 5 \cdot 7 \cdot 11} = \frac{2 \cdot 3}{7} = \frac{6}{7}$$

b) 1. Lösungsweg:

Die Zerlegung in Primfaktoren liefert:

$$\frac{39 \cdot 153}{51 \cdot 78} = \frac{3 \cdot 13 \cdot 3^2 \cdot 17}{3 \cdot 17 \cdot 2 \cdot 3 \cdot 13} = \frac{3^3 \cdot 13 \cdot 17}{2 \cdot 3^2 \cdot 13 \cdot 17} = \frac{3}{2} = 1\frac{1}{2}$$

2. Lösungsweg:

Eine Zerlegung in geeignete Faktoren liefert:

$$\frac{39 \cdot 153}{51 \cdot 78} = \frac{39 \cdot 153}{78 \cdot 51} = \frac{39 \cdot 3 \cdot 51}{39 \cdot 2 \cdot 51} = \frac{3}{2} = 1\frac{1}{2}$$

c) 1. Lösungsweg (ohne Ausklammern):

$$\frac{16 + 20}{16 + 40} = \frac{36}{56} = \frac{2^2 \cdot 3^2}{2^3 \cdot 7} = \frac{9}{14}$$

2. Lösungsweg (mit Ausklammern):

$$\frac{16 + 20}{16 + 40} = \frac{4(4 + 5)}{4(4 + 10)} = \frac{4 + 5}{4 + 10} = \frac{9}{14}$$

Die Bruchterme in den folgenden Aufgaben sollen gekürzt werden.

[791] $\dfrac{105}{147}$ [792] $\dfrac{144}{180}$

[793] $\dfrac{192}{336}$ [794] $\dfrac{800}{960}$

[795] $\dfrac{108}{648}$ [796] $\dfrac{140}{252}$

[797] $\dfrac{192}{128}$ [798] $\dfrac{780}{1430}$

[799] $\dfrac{136}{1428}$ [800] $\dfrac{969}{1122}$

[801] $\dfrac{4641}{11781}$ [802] $\dfrac{21450}{36465}$

[803] $\dfrac{16 \cdot 24}{8}$ [804] $\dfrac{42 \cdot 34}{28 \cdot 85}$

[805] $\dfrac{33 \cdot 38}{34 \cdot 66}$ [806] $\dfrac{224 \cdot 319}{154 \cdot 464}$

[807] $\dfrac{3211 \cdot 8993}{5681 \cdot 6851}$ [808] $\dfrac{60078 \cdot 23}{81282 \cdot 34}$

[809] $\dfrac{49 \cdot 19 \cdot 96}{72 \cdot 95 \cdot 63}$ [810] $\dfrac{45 \cdot 84 \cdot 56}{49 \cdot 36 \cdot 80}$

[811] $\dfrac{16 + 24}{8}$ [812] $\dfrac{9 + 25}{18 + 50}$

[813] $\dfrac{60 + 400}{40 + 600}$ _192_ _$\frac{23}{32}$_ [814] $\dfrac{16(7 + 4)}{440}$

[815] $\dfrac{60(84 + 108)}{192 \cdot 108}$ _$\frac{5}{9}$_

68. MUSTERAUFGABE:

Kürze die folgenden Bruchterme.

a) $\dfrac{36a^3b^2}{24a^2b^3}$

b) $\dfrac{3a - 5b}{21a - 35b}$

c) $\dfrac{2c - 5b}{15b - 6c}$

Lösung:

a) $\dfrac{36a^3b^2}{24a^2b^3} = \dfrac{3 \cdot 12 \cdot a^3b^2}{2 \cdot 12 \cdot a^2b^3} = \dfrac{3a}{2b}$

b) $\dfrac{3a - 5b}{21a - 35b} = \dfrac{1(3a - 5b)}{7(3a - 5b)} = \dfrac{1}{7}$

c) $\dfrac{2c - 5b}{15b - 6c} = \dfrac{(-1)(5b - 2c)}{3(5b - 2c)} = \dfrac{-1}{3} = -\dfrac{1}{3}$

114

Die Bruchterme in den folgenden Aufgaben sollen gekürzt werden.

[816] $\dfrac{6ab}{12a^2b}$

[817] $\dfrac{10ab^2}{5a^2b}$

[818] $\dfrac{12a^3b^2c^4}{52a^2bc^4}$

[819] $\dfrac{24a^4b^3}{36ab^3c}$

[820] $\dfrac{22x^2y^3z}{99x^3y^3}$

[821] $\dfrac{221x^2y}{323yz}$

[822] $\dfrac{-91(-x)^2}{143(-x)^3}$

[823] $\dfrac{24xy}{12x - 36y}$

[824] $\dfrac{14ax^2 - 21a^2x}{7ax}$

[825] $\dfrac{25x^2y - 45y^3}{-5x^2y}$

[826] $\dfrac{18a^2b - 9ab^2}{27b}$

[827] $\dfrac{26a^2b^3c - 65a^3bc^2 - 104abc^4}{39abc}$

[828] $\dfrac{3(m + n)^2}{6m + 6n}$

[829] $\dfrac{16p - 16q}{40p - 40q}$

[830] $\dfrac{x^2 - x}{x}$

[831] $\dfrac{72a - 48b}{4b - 6a}$

[832] $\dfrac{77a^2 - 143b^2}{7a^2 - 13b^2}$

[833] $\dfrac{12a - 9b + 15c}{45c - 27b + 36a}$

[834] $\dfrac{35a - 49b + 63c}{98b - 70a - 126c}$

[835] $\dfrac{5ab + 45ac}{5ab + 225ac + 20ab}$

69. MUSTERAUFGABE:

Kürze zunächst die folgenden Bruchterme und stelle anschließend fest, mit welchen Zahlen die Variablen nicht belegt werden dürfen.

a) $\dfrac{7a - 14}{21a^2 - 84}$

b) $\dfrac{x^2 - 36}{x^2 + 12x + 36}$

Lösung:

a) $\dfrac{7a - 14}{21a^2 - 84} = \dfrac{7(a - 2)}{21(a^2 - 4)} = \dfrac{7(a - 2)}{21(a - 2)(a + 2)} = \dfrac{1}{3(a + 2)}$

Für die Variable a dürfen nur solche Zahlen eingesetzt werden, die keinen Nenner den Wert 0 annehmen lassen:

$N(a) = 21a^2 - 84 = 21(a - 2)(a + 2) = 0$ für $a_1 = 2$ und $a_2 = -2$.

$\dfrac{7a - 14}{21a^2 - 84} = \dfrac{1}{3(a + 2)}$ gilt für alle Zahlen a mit $a \neq 2$

und $a \neq -2$.

b) $\dfrac{x^2 - 36}{x^2 + 12x + 36} = \dfrac{(x + 6)(x - 6)}{(x + 6)^2} = \dfrac{x - 6}{x + 6}$

Für die Variable x dürfen nur solche Zahlen eingesetzt werden, die den Nenner nicht den Wert 0 annehmen lassen:

$N(x) = x^2 + 12x + 36 = (x + 6)^2 = 0$ für $x = -6$.

$\dfrac{x^2 - 36}{x^2 + 12x + 36} = \dfrac{x - 6}{x + 6}$ gilt für alle Zahlen x mit $x \neq -6$.

In den folgenden Aufgaben sind die Bruchterme zunächst zu
kürzen und dann ist anzugeben, mit welchen Zahlen die Variablen in den ursprünglichen Termen nicht belegt werden dürfen.

[836] $\dfrac{33x - 69}{11x - 23}$ [837] $\dfrac{153a + 238}{42 + 27a}$

[838] $\dfrac{x^2 + 9x}{x^2 - 3x}$ [839] $\dfrac{x^2 + 10x + 25}{3x^2 - 75}$

[840] $\dfrac{x^2 - 1}{x^2 - x}$ [841] $\dfrac{4x^2 - 9}{6x^2 + 9x}$

[842] $\dfrac{9x^2 - 12x + 4}{9x^2 - 4}$ [843] $\dfrac{4x + 9}{0,16x^2 - 0,81}$

[844] $\dfrac{2x^2 - 28x + 98}{5x^2 - 245}$ [845] $\dfrac{(x^2 + 3x)(x^2 - 4x + 4)}{(x^2 - 2x)(x^2 - 9)}$

70. MUSTERAUFGABE:

Kürze die folgenden Bruchterme.

a) $\dfrac{x^2 - 4x + 4}{x^2 + 3x - 10}$

b) $\dfrac{a - a^2}{a^2 - 1}$

Lösung:

a) $\dfrac{x^2 - 4x + 4}{x^2 + 3x - 10} = \dfrac{(x - 2)^2}{(x - 2)(x + 5)} = \dfrac{x - 2}{x + 5}$

b) 1. Lösungsweg:

$\dfrac{a - a^2}{a^2 - 1} = \dfrac{a(1 - a)}{(a + 1)(a - 1)} = 1 \cdot \dfrac{a(1 - a)}{(a + 1)(a - 1)}$

$= (-1) \cdot (-1) \cdot \dfrac{a(1 - a)}{(a + 1)(a - 1)} = \dfrac{(-1) \cdot (-1) \cdot a(1 - a)}{(a + 1)(a - 1)}$

$= \dfrac{(-1) \cdot a \cdot (-1) \cdot (1 - a)}{(a + 1) \cdot (a - 1)} = \dfrac{(-1) \cdot a \cdot (a - 1)}{(a + 1)(a - 1)} = -\dfrac{a}{a + 1}$

2. Lösungsweg:

$$\frac{a - a^2}{a^2 - 1} = \frac{a(1 - a)}{(a + 1)(a - 1)} = \frac{a(1 - a)}{(a + 1)(a - 1)} \cdot 1$$

$$= \frac{a(1 - a)}{(a + 1)(a - 1)} \cdot \frac{-1}{-1} = \frac{(-1) \cdot a \cdot (1 - a)}{(a + 1) \cdot (-1)(a - 1)}$$

$$= \frac{-a(1 - a)}{(a + 1)(1 - a)} = \frac{-a}{(a + 1)} = - \frac{a}{a + 1}$$

Kürze in den folgenden Aufgaben die Bruchterme.

[846] $\dfrac{x^2 - 81}{3x^2 - 54x + 243}$

[847] $\dfrac{x^2 + x - 6}{x^2 - 4}$

[848] $\dfrac{x^2 + x - 6}{x^2 + 5x + 6}$

[849] $\dfrac{x^3 - 2x^2}{12 - 3x^2}$

[850] $\dfrac{1 - 2a}{4a^2 - 1}$

[851] $\dfrac{x^2 - 10x + 25}{50 - 2x^2}$

[852] $\dfrac{9x - 3}{9x^2 - 6x + 1}$

[853] $\dfrac{k^3 - 6k^2 + 9k}{k^3 - 3k^2}$

[854] $\dfrac{2(b - 7)^3}{18(7 - b)^2}$

[855] $\dfrac{(5x - 5)(4x + 2)}{(4x - 4)(34x + 17)}$

*[856] $\dfrac{(4x + 2)^2}{4x^2 - 1}$

*[857] $\dfrac{(3 - x)^2}{(2x - 6)^2}$

*[858] $\dfrac{16s^4 - 81}{4s^2 + 12s + 9}$

*[859] $\dfrac{x^4 - 16}{x^3 - 4x^2 + 4x}$

*[860] $\dfrac{2x^2 - 4x - 6}{x^2 - 4x + 3}$

*[861] $\dfrac{(x^2 + x - 6)(2x + 6)}{(x^2 + 6x + 9)(8 - 2x^2)}$

*[862] $\dfrac{x^4 - 81}{x^3 + 9x}$

*[863] $\dfrac{x^2 - 3x + 2}{4 - 2x}$

*[864] $\dfrac{b^2 - b - 6}{b^2 - 4}$

*[865] $\dfrac{c^3 - 15c^2 + 56c}{64c - c^3}$

71. MUSTERAUFGABE:

Kürze die folgenden Bruchterme.

a) $\dfrac{a^2 - 9c^2}{9c - 3a}$

b) $\dfrac{a^3 - 2a^2b + ab^2}{ab - a^2}$

Lösung:

a) $\dfrac{a^2 - 9c^2}{9c - 3a} = \dfrac{(a + 3c)(a - 3c)}{3(3c - a)} = \dfrac{(a + 3c)(a - 3c)}{3 \cdot (-1) \cdot (a - 3c)}$

$$= \dfrac{a + 3c}{3 \cdot (-1)} = - \dfrac{a + 3c}{3}$$

b) $\dfrac{a^3 - 2a^2b + ab^2}{ab - a^2} = \dfrac{a(a^2 - 2ab + b^2)}{a(b - a)} = \dfrac{a(a - b)^2}{a(-1)(a - b)}$

$= \dfrac{a - b}{-1} = -a + b = b - a$

Kürze in den folgenden Aufgaben die Bruchterme.

[866] $\dfrac{16a^2 - 9b^2}{8a + 6b}$

[867] $\dfrac{3x - 3y}{3x^2 - 3y^2}$

[868] $\dfrac{121a^2 - 64b^2}{8b^2 - 11ab}$

[869] $\dfrac{ax + x}{2a + 2}$

[870] $\dfrac{b - a^2b}{a^2 - a}$

[871] $\dfrac{a^2b^4 - a^4b^2}{a^2b + ab^2}$

[872] $\dfrac{25a^2 - 144b^2}{25a^2 - 120ab + 144b^2}$

[873] $\dfrac{a^2 + 6ab + 9b^2}{a^2 + 3ab}$

[874] $\dfrac{a^2 - 9b^2}{(2a - 6b)^2}$

*[875] $\dfrac{(2a - 14b)^2}{49b - 7a}$

*[876] $\dfrac{x^2 - 4y^2}{x^2 - 3xy + 2y^2}$

*[877] $\dfrac{21a^2bc - 49ab^2c + 84abc^2}{3a - 7b + 12c}$

*[878] $\dfrac{98 - 18x^2}{9x^2 - 42x + 49}$

*[879] $\dfrac{ax + bx - a - b}{a + b}$

*[880] $\dfrac{ax + a - x - 1}{ax - a - x + 1}$ $\dfrac{x+1}{x-1}$

$\dfrac{(a-1)(x+1)}{(a-1)(x-1)}$

5.2   RECHNEN MIT BRUCHTERMEN

5.2.1   BRUCHTERME OHNE VARIABLE

72. MUSTERAUFGABE:

Vereinfache den Bruchterm

$$\left[\dfrac{(2{,}4 + 1\frac{5}{7}) \cdot 4{,}375}{\frac{2}{3} - \frac{1}{6}} - \dfrac{(2{,}75 - 1\frac{5}{6}) \cdot 21}{8\frac{3}{20} - 0{,}45}\right] : \dfrac{67}{100} \cdot$$

Lösung:

$$\left[\dfrac{(2{,}4 + 1\frac{5}{7}) \cdot 4{,}375}{\frac{2}{3} - \frac{1}{6}} - \dfrac{(2{,}75 - 1\frac{5}{6}) \cdot 21}{8\frac{3}{20} - 0{,}45}\right] : \dfrac{67}{100}$$

$$= \left[\dfrac{(\frac{12}{5} + \frac{12}{7}) \cdot \frac{35}{8}}{\frac{4}{6} - \frac{1}{6}} - \dfrac{(\frac{11}{4} - \frac{11}{6}) \cdot 21}{8\frac{3}{20} - \frac{9}{20}}\right] \cdot \dfrac{100}{67}$$

118

$$= \left[\frac{\frac{144}{35} \cdot \frac{35}{8}}{\frac{3}{6}} - \frac{\frac{11}{12} \cdot 21}{\frac{154}{20}} \right] \cdot \frac{100}{67}$$

$$= [18 : \frac{1}{2} - \frac{77}{4} : \frac{77}{10}] \cdot \frac{100}{67}$$

$$= [36 - \frac{5}{2}] \cdot \frac{100}{67}$$

$$= \frac{67}{2} \cdot \frac{100}{67}$$

$$= \frac{100}{2}$$

$$= 50$$

Vereinfache die folgenden Bruchterme.

[881] $(14,05 - 1\frac{1}{4}) : 0,04 - 13,8 \cdot 13 - 0,6$

[882] $(1,75 : \frac{2}{3} - 1\frac{3}{4} : 1,125) \cdot 1\frac{5}{7} + \frac{1}{6}$

[883] $[(\frac{1}{30} + \frac{1}{225}) \cdot 9 + 0,16] : (\frac{1}{3} - 0,3)$

[884] $(5 - 1,1409 : 0,3) : (4,2 : 12 - 0,21 \cdot \frac{2}{3}) + 0,3$

[885] $\frac{7}{30} + (20\frac{4}{9} + 12,25 - 31\frac{1}{30}) : 299 + (17\frac{1}{9} - 2,45 \cdot 5 + 5\frac{1}{30}) : 13$

[886] $(2,15 - 1\frac{5}{16}) : 33,5 + 5\frac{1}{7} \cdot 3,85 - 14,825$

[887] $\dfrac{12\frac{4}{5} \cdot 3\frac{3}{4} - 4\frac{4}{11} \cdot 4,125}{2\frac{4}{7} : \frac{3}{35}} + \dfrac{12696}{3174}$

[888] $\dfrac{28,8 : 13\frac{5}{7} + 6\frac{3}{5} \cdot 1\frac{1}{2}}{1\frac{1}{80} : 1,35} \cdot \frac{5}{8}$

[889] $\dfrac{20\frac{8}{15} \cdot 7,5 - 54,6 : \frac{2}{5}}{3\frac{13}{21} \cdot 8,4 - 34,4 : 14\frac{1}{3}} + 43,75 : 11\frac{2}{3} + 24,6 : 1\frac{1}{5} - 0,875$

[890] $\dfrac{15,2 \cdot 0,975}{2,8 : 0,7 - 0,75} + \dfrac{(4 - 1,15 : 0,5) \cdot 24}{0,25 \cdot 20 + 10 : 100} - 0,56$

[891] $8,4 - \dfrac{3,3044895 + 4,06 \cdot 0,0058 - (0,7584 : 2,37 + 0,0003 : 8)}{80 \cdot 0,03625 - 2,43}$

[892] $1,91 + \dfrac{10,518395 + 2,045 \cdot 0,033 - 0,464774 : 0,0562}{0,003092 : 0,0001 - 5,188}$

[893] $\dfrac{127,18 \cdot 4,35 + 14,067}{18 + 2,1492 : 3,582} + \dfrac{57,24 \cdot 3,55 + 430,728}{2,7 \cdot 1,88 - 1,336}$

[894] $\dfrac{127,68 \cdot 0,5}{4,56} + \dfrac{34,68 \cdot 15,4}{6,8 \cdot 3,57} + \dfrac{5,7 \cdot 16,2}{20,52} + 0,5$

[895] $1 + \dfrac{(4,561 + 5,439) \cdot 0,1}{(7,01 - 5,01) : 0,5} - \dfrac{(4,45 - 2,2) : 0,3}{(0,823 + 0,177) \cdot 30}$

[896] $\dfrac{0,1(1,238 + 2,762)}{(36,487 - 34,237) : 2,8125} + \dfrac{(4,36 - 1,16) \cdot 0,3125}{[0,2 \cdot (47,8 - 45,55)] : 0,225} + 6$

[897] $\left[\dfrac{0,3(3,6 - 2,8)}{0,25(0,94 + 1,06)} + \dfrac{(0,2 - 0,15) : 0,001}{(4,7 - 3,9) \cdot 10}\right] : 3,365$

[898] $91 : \left[\dfrac{6 : (0,4 - 0,2)}{2,5 \cdot (0,8 + 1,2)} + \dfrac{(34,06 - 33,81) \cdot 4}{6,84 : (28,57 - 25,15)}\right] - 8$

[899] $[(9\tfrac{1}{5} - 3,68) : 2\tfrac{1}{2}] \cdot [1 : (2,1 - 2,09)] + 0,2$

[900] $0,7 + [(0,278 : 13,9 + (2 - 0,47) : \tfrac{3}{20}] : 102,2 + 3,4 \cdot 1\tfrac{4}{17}$

[901] $1\tfrac{32}{49} : (4\tfrac{15}{49} - 2\tfrac{13}{14}) + \tfrac{2}{3} \cdot (4,254 - 1,134 : 0,28) + 1,664$

[902] $5,5 - (1,295 + 1,936 : 3\tfrac{1}{5}) \cdot 1\tfrac{16}{19} + 3\tfrac{5}{51} : (4\tfrac{5}{34} - 3\tfrac{19}{51})$

[903] $16,54 + (17,5 - 8,25 \cdot \tfrac{10}{11}) \cdot (11\tfrac{2}{3} : 2\tfrac{2}{9} + 3,5) - 12,6 : 2\tfrac{1}{2}$

[904] $[18\tfrac{1}{6} - (3,06 : 7\tfrac{1}{2} + 3\tfrac{2}{5} \cdot 0,38)] : (19 - 2\tfrac{3}{8} \cdot 5\tfrac{1}{3}) + 5,4$

[905] $10\{2,5 + [17\tfrac{1}{5} \cdot 0,125 - (2\tfrac{32}{45} - 1\tfrac{7}{60})] \cdot (\tfrac{11}{40} : 4\tfrac{7}{12} + 2,64)\}$

[906] $[(4,625 - \tfrac{13}{18} \cdot \tfrac{9}{16}) : 2\tfrac{1}{4} + (2\tfrac{1}{2} : 1,25) : 6\tfrac{3}{4}] : 1\tfrac{53}{68} + 5\tfrac{20}{27}$

[907] $(7\tfrac{1}{9} - 2\tfrac{14}{15}) : (2\tfrac{2}{3} + 1\tfrac{3}{5}) - (\tfrac{3}{4} - \tfrac{1}{20}) \cdot (\tfrac{5}{7} - \tfrac{5}{14}) + (14\tfrac{1}{6} + 3\tfrac{3}{4})$

$: (70\tfrac{10}{13} - 4\tfrac{24}{39})$

[908] $(41\tfrac{23}{84} - 40\tfrac{49}{60})\{[\tfrac{468}{117} - 3\tfrac{1}{2}(2\tfrac{1}{7} - 1\tfrac{1}{5})] : \tfrac{52}{325}\}$

[909]
$$\frac{\left(140\frac{7}{30} - 138\frac{5}{12}\right) : 18\frac{1}{6}}{\frac{1}{500}}$$

[910]
$$\frac{\left[\left(40\frac{7}{30} - 38\frac{5}{12}\right) : 10\frac{9}{10} + \left(\frac{1}{8} - \frac{1}{30}\right) \cdot 12\frac{8}{11}\right] \cdot 4\frac{1}{5}}{\frac{1}{125}}$$

[911]
$$17 - \left[\frac{\left(6 - 4\frac{1}{2}\right) : 0,03}{\left(3\frac{1}{20} - 2,65\right) \cdot 4 + \frac{2}{5}} - \frac{\left(0,3 - \frac{3}{20}\right) \cdot 1\frac{1}{2}}{\left(1,88 + 2\frac{3}{25}\right) \cdot \frac{1}{80}}\right] : 2\frac{1}{20}$$

[912]
$$2 \cdot \left(\frac{2\frac{1}{3} \cdot 10\frac{1}{2} + 6\frac{3}{16} : 1\frac{1}{8}}{56\frac{1}{4} : 1\frac{3}{12} - 6\frac{1}{2} \cdot 3\frac{11}{13}}\right)$$

[913]
$$6 \cdot \left[\frac{\left(1\frac{1}{5} + 3\frac{1}{4}\right) : \left(14\frac{5}{6} : 6\frac{2}{3}\right)}{\left(15\frac{1}{16} - 3\frac{1}{2}\right) : \left(1\frac{1}{4} \cdot 1\frac{13}{24}\right)}\right]$$

*[914]
$$\cfrac{1}{1 + \cfrac{1}{2 + \cfrac{1}{3 + \cfrac{1}{4}}}}$$

*[915]
$$\cfrac{1}{2 + \cfrac{3}{4 - \cfrac{5}{6 + \frac{7}{8}}}}$$

5.2.2 BRUCHTERME MIT VARIABLEN

73. MUSTERAUFGABE:

Berechne die beiden Terme

a) $\frac{5}{4}a - (\frac{1}{2}a + \frac{3}{8}a) - \frac{1}{8}a$

b) $2 + \frac{2}{3x} - \frac{5}{7x}$

und gib die Ergebnisse in gekürzter Form an.

Lösung:

a) $\frac{5}{4} a - (\frac{1}{2}a + \frac{3}{8}a) - \frac{1}{8} a = \frac{10a - (4a + 3a) - a}{8} = \frac{2}{8}a = \frac{1}{4}a$

b) $2 + \dfrac{2}{3x} - \dfrac{5}{7x} = \dfrac{42x + 14 - 15}{21x} = \dfrac{42x - 1}{21x}$

Berechne die folgenden Aufgaben und gib die Ergebnisse in gekürzter Form an.

[916] $\dfrac{3}{2}a - \dfrac{2}{3}a + \dfrac{1}{6}a$

[917] $\dfrac{1}{5}x + \dfrac{1}{2}x + \dfrac{3}{10}x - \dfrac{3}{4}x$

[918] $\left(\dfrac{4}{5} + \dfrac{2}{3}\right)a - \left(\dfrac{3}{4} + \dfrac{1}{2}\right)a$

[919] $\dfrac{3}{4}z + \dfrac{4}{7}z - \dfrac{3}{14}z - \dfrac{3}{28}z$

[920] $y + \dfrac{1}{2}y + \dfrac{1}{4}y + \dfrac{1}{8}y + \dfrac{1}{16}y$

[921] $\dfrac{5}{33}x + x - \dfrac{7}{22}x - \dfrac{1}{2}x$

[922] $\dfrac{2b - 3}{15} - \dfrac{b - 4}{45} + \dfrac{4 + 5b}{9}$

[923] $\dfrac{9x - 37}{48} - \dfrac{12 - x}{8} + \dfrac{8 - 5x}{60} - \dfrac{11x - 3}{80}$

[924] $\dfrac{4x - 1}{20} + \dfrac{5x + 2}{25} - \dfrac{4x - 7}{24}$ [925] $\dfrac{8}{15x} - \dfrac{4}{15x} + \dfrac{1}{15x}$

[926] $\dfrac{6a - 5b}{a - b} - \dfrac{3a - 4b}{a - b} + \dfrac{4a - 6b}{a - b}$

[927] $\dfrac{2x - 3}{4x} + \dfrac{5x - 1}{7x} - \dfrac{3x - 2}{14x}$ [928] $\dfrac{9}{x^2} + \dfrac{3}{x} + \dfrac{1}{4}$

[929] $\dfrac{7x^2 + 3}{x^2} + \dfrac{5x - 3}{x} - 12$

[930] $\dfrac{4a + 3b}{15x} + \dfrac{2b - 5a}{25x} - \dfrac{7a - 3b}{30x} + \dfrac{b}{50x}$

74. MUSTERAUFGABE:

Vereinfache die Terme.

a) $\dfrac{u + v}{2u + v} - \dfrac{5u + 7v}{12u + 6v}$

b) $\dfrac{2y}{x - y} - \dfrac{x - y}{x + y} - \dfrac{4xy}{x^2 - y^2}$

c) $\dfrac{36u - 36v}{3u^2 - 3v^2} - \dfrac{36u - 36v}{(3u - 3v)^2} + \dfrac{8v}{u^2 - v^2}$

Lösung:

a) $\dfrac{u + v}{2u + v} - \dfrac{5u + 7v}{12u + 6v} = \dfrac{u + v}{2u + v} - \dfrac{5u + 7v}{6(2u + v)}$

$$= \dfrac{6(u + v)}{6(2u + v)} - \dfrac{5u + 7v}{6(2u + v)}$$

$$= \dfrac{6u + 6v - (5u + 7v)}{6(2u + v)}$$

$$= \frac{6u + 6v - 5u - 7v}{6(2u + v)}$$

$$= \frac{u - v}{6(2u + v)}$$

b) $\dfrac{2y}{x - y} - \dfrac{x - y}{x + y} - \dfrac{4xy}{x^2 - y^2}$

$$= \frac{2y(x + y)}{(x - y)(x + y)} - \frac{(x - y)^2}{(x + y)(x - y)} - \frac{4xy}{(x + y)(x - y)}$$

$$= \frac{2xy + 2y^2 - x^2 + 2xy - y^2 - 4xy}{(x + y)(x - y)}$$

$$= \frac{y^2 - x^2}{x^2 - y^2} \quad .$$

$$= \frac{(-1)(x^2 - y^2)}{x^2 - y^2}$$

$$= -1$$

c) $\dfrac{36u - 36v}{3u^2 - 3v^2} - \dfrac{36u - 36v}{(3u - 3v)^2} + \dfrac{8v}{u^2 - v^2}$

$$= \frac{36(u - v)}{3(u + v)(u - v)} - \frac{36(u - v)}{3^2(u - v)^2} + \frac{8v}{(u + v)(u - v)}$$

$$= \frac{12}{u + v} - \frac{4}{u - v} + \frac{8v}{(u + v)(u - v)}$$

$$= \frac{12(u - v) - 4(u + v) + 8v}{(u + v)(u - v)}$$

$$= \frac{8u - 8v}{(u + v)(u - v)}$$

$$= \frac{8(u - v)}{(u + v)(u - v)}$$

$$= \frac{8}{u + v}$$

Vereinfache in den folgenden Aufgaben die Terme.

[931] $\dfrac{4}{3x + 1} + \dfrac{x - 2}{6x + 2}$ [932] $\dfrac{5}{3a + 3b} - \dfrac{5}{4a + 4b}$

[933] $\dfrac{5x + 7}{12 - 4x} - \dfrac{2 - x}{x - 3}$ [934] $\dfrac{x + 3}{3 - x} + \dfrac{x}{2x - 6}$

[935] $\dfrac{x + 2y}{6x - 3y} + \dfrac{2y - x}{10x - 5y} + \dfrac{2x + 16y}{15y - 30x}$

[936] $\dfrac{2x}{x^2 - 1} - \dfrac{1}{x + 1}$

[937] $\dfrac{a}{a + 1} - \dfrac{a - 1}{a + 2} - \dfrac{a}{(a + 1)(a + 2)}$

[938] $x - \dfrac{x^2}{x - 1} - \dfrac{x}{x + 1}$ [939] $\dfrac{x}{x + 1} - \dfrac{1}{x - 1} - 1$

*[940] $\dfrac{5}{a + b} + \dfrac{4}{b - a} + \dfrac{10b}{a^2 - b^2}$ *[941] $\dfrac{x + y}{x - y} - \dfrac{x - y}{x + y} - \dfrac{4xy}{x^2 - y^2}$

*[942] $\dfrac{a + b}{a - b} + \dfrac{a - b}{a + b} - \dfrac{a^2 + b^2}{a^2 - b^2}$ *[943] $\dfrac{2x^2 + 2y^2}{x^2 - y^2} - \dfrac{x + y}{x - y} + \dfrac{x - y}{x + y}$

*[944] $\dfrac{2y}{x - y} - \dfrac{x + y}{x^2 - xy} - \dfrac{1}{x}$ *[945] $\dfrac{2x^3}{x^4 - 1} - \dfrac{x}{x^2 + 1} - \dfrac{2x}{x^2 - 1}$

75. MUSTERAUFGABE:

Berechne die Terme.

a) $\dfrac{7a}{9b} \cdot \dfrac{3b^2}{14a}$

b) $\dfrac{4a + 4b}{45a^2} : \dfrac{2a + 2b}{15a}$

Lösung:

a) $\dfrac{7a}{9b} \cdot \dfrac{3b^2}{14a} = \dfrac{7a \cdot 3b^2}{9b \cdot 14a} = \dfrac{3 \cdot 7 \cdot ab^2}{2 \cdot 3^2 \cdot 7 \cdot ab} = \dfrac{b}{6}$

b) $\dfrac{4a + 4b}{45a^2} : \dfrac{2a + 2b}{15a} = \dfrac{4a + 4b}{45a^2} \cdot \dfrac{15a}{2a + 2b} = \dfrac{2^2 \cdot 3 \cdot 5 \cdot a \cdot (a + b)}{2 \cdot 3^2 \cdot 5 \cdot a^2 \cdot (a + b)}$

$= \dfrac{2}{3a}$

Berechne in den folgenden Aufgaben die Terme.

[946] $\dfrac{132a}{84b} \cdot \dfrac{91b}{22a}$ [947] $\dfrac{27m^2}{14n^2} : \dfrac{54m^2}{21n^2}$

[948] $\dfrac{12x - 12}{3} : \dfrac{2x - 2}{9}$ [949] $\dfrac{2a + 2b}{a - b} : \dfrac{28a - 28b}{3a + 3b}$

[950] $\dfrac{5}{x - y} : \dfrac{15}{y - x}$ [951] $(\dfrac{uv}{w} : 2u) : 3v$

[952] $\dfrac{46a - 23b}{14a + 7b} : \dfrac{34a - 17b}{42a + 21b}$ [953] $(\dfrac{3a}{4b} - \dfrac{5b}{3c}) \cdot 60abc$

[954] $(\dfrac{7}{3a} + \dfrac{2}{b}) : (\dfrac{1}{8a} + \dfrac{3}{28b})$ *[955] $\dfrac{8r^2 + 12rs}{5rs - 2s^2} : \dfrac{3s^2 + 2rs}{5r^2 - 2rs}$

76. MUSTERAUFGABE:

Berechne die Terme.

a) $\dfrac{3a^2 - 27}{6a + 12} \cdot \dfrac{a^2 + 4a + 4}{a^2 - a - 6}$

b) $\dfrac{2 - a}{3a + ab} : \dfrac{a^2 - 4}{b^2 - 9}$

Lösung:

a) $\dfrac{3a^2 - 27}{6a + 12} \cdot \dfrac{a^2 + 4a + 4}{a^2 - a - 6}$

$= \dfrac{3(a^2 - 9)(a^2 + 4a + 4)}{6(a + 2)(a^2 - a - 6)}$

$= \dfrac{3(a + 3)(a - 3)(a + 2)^2}{6(a + 2)(a - 3)(a + 2)}$

$= \dfrac{a + 3}{2}$

b) $\dfrac{2 - a}{3a + ab} : \dfrac{a^2 - 4}{b^2 - 9}$

$= \dfrac{(2 - a)(b^2 - 9)}{(3a + ab)(a^2 - 4)}$

$= \dfrac{(-1)(a - 2)(b + 3)(b - 3)}{a(b + 3)(a + 2)(a - 2)}$

$= \dfrac{3 - b}{a(a + 2)}$

Berechne in den folgenden Aufgaben die Terme.

[956] $\dfrac{ab}{a^2 - b^2} : \dfrac{a}{a - b}$

[957] $\dfrac{a^2 - 2ab + b^2}{a^2 - b^2} \cdot \dfrac{a + b}{a - b}$

[958] $\dfrac{x^2 - 36}{x^2 - 6x} : \dfrac{2x + 12}{x - 3}$

[959] $\dfrac{m^3 - 9m}{3} : \dfrac{m^3 - 3m^2}{9}$

[960] $\dfrac{a^3 - \frac{a}{9}}{a - \frac{1}{3}}$

[961] $\dfrac{x^2 - 8x + 16}{y^2 - 9} \cdot \dfrac{5y + 15}{16 - x^2}$

[962] $\dfrac{ax - x^2}{(a + x)^2} \cdot \dfrac{a^2 + ax}{(a - x)^2}$

[963] $\left(\dfrac{1}{a^2} - \dfrac{1}{b^2}\right) \cdot \dfrac{2ab}{a + b}$

[964] $\left(\dfrac{x + 1}{x - 1} - \dfrac{x - 1}{x + 1}\right) \cdot (x^2 - 1)$

*[965] $\left(\dfrac{v}{w} - \dfrac{w}{v}\right) : \left(\dfrac{1}{v} - \dfrac{1}{w}\right)$

*[966] $\left(\dfrac{s}{s + t} + \dfrac{t}{s - t}\right) : \left(\dfrac{s}{s - t} - \dfrac{t}{s + t}\right)$

*[967] $\left(\dfrac{a}{a - b} - 1\right) : \left(1 - \dfrac{a}{a + b}\right)$

*[968] $\left(\dfrac{1}{b^2} + \dfrac{2}{ab} + \dfrac{1}{a^2}\right) : \left(\dfrac{1}{a} + \dfrac{1}{b}\right)$

*[969] $\dfrac{x^2 - 3x + 2}{2x^2 + 8x + 8} : \dfrac{x^2 - 4x + 4}{2x^2 - 8}$

125

*[970] $\dfrac{a + b}{2a} : \dfrac{a^2 + 2ab + b^2}{a^2 + 2a} - \dfrac{a^2 - ab}{2a^2 - 2b^2}$

5.3 GLEICHUNGEN MIT GEBROCHENEN KOEFFIZIENTEN
5.3.1 ZAHLENAUFGABEN

77. MUSTERAUFGABE:

Bestimme die Lösungsmenge der Gleichung

$$\frac{1}{4}x + \frac{5}{4} - \frac{x + 3}{20} = \frac{2}{5}x - (\frac{7}{25}x - \frac{1}{25} - \frac{9}{10})$$

bezüglich der Grundmenge $\mathbb{Q}$.

Führe anschließend die Probe durch.

Lösung:

$$\frac{1}{4}x + \frac{5}{4} - \frac{x + 3}{20} = \frac{2}{5}x - (\frac{7}{25}x - \frac{1}{25} - \frac{9}{10})$$

$$\frac{1}{4}x + \frac{5}{4} - \frac{x}{20} - \frac{3}{20} = \frac{2}{5}x - \frac{7}{25}x + \frac{1}{25} + \frac{9}{10}$$

Bestimmung des Hauptnenners:

$$4 = 2 \cdot 2$$
$$20 = 2 \cdot 2 \cdot 5$$
$$5 = \qquad 5$$
$$25 = \qquad 5 \cdot 5$$
$$10 = 2 \cdot \qquad 5$$

$$\overline{HN = 2 \cdot 2 \cdot 5 \cdot 5 = 100}$$

Wir multiplizieren beide Gleichungsterme mit diesem Hauptnenner:

$$25x + 125 - 5x - 15 = 40x - 28x + 4 + 90$$
$$8x = -16$$
$$x = -2$$

Probe:

$$T_1(-2) = \frac{-2}{4} + \frac{5}{4} - \frac{-2 + 3}{20} = \frac{3}{4} - \frac{1}{20} = \frac{15 - 1}{20} = \frac{14}{20} = \frac{7}{10}$$

$$T_r(-2) = \frac{2(-2)}{5} - [\frac{7(-2)}{25} - \frac{1}{25} - \frac{9}{10}] = \frac{-4}{5} - (\frac{-15}{25} - \frac{9}{10})$$

$$= -\frac{8}{10} - (\frac{-6 - 9}{10}) = \frac{-8 + 15}{10} = \frac{7}{10}$$

"$T_1(-2) = T_r(-2)$" ist eine wahre Aussage, deshalb ist -2 ein Lösungselement: $L = \{-2\}$.

Bestimme in den folgenden Aufgaben die Lösungsmengen der Gleichungen bezüglich der Grundmenge $\mathbb{Q}$. Führe stets die Probe durch:

[971] $\frac{3}{7}x - \frac{2}{11} = \frac{1}{2}x - \frac{1}{7}$ 　　　[972] $\frac{3}{2} - \frac{5}{8} - \frac{5}{12}x + \frac{1}{4}x = 0$

[973] $\frac{3}{7}x - (\frac{6}{5}x - \frac{4}{7}) = 7 - \frac{3}{4}x$ 　　[974] $\frac{x}{4} + \frac{7}{12} - \frac{2}{27}x = 1 - (\frac{10}{27} + \frac{x}{18})$

[975] $1 - \frac{2}{5}x = \frac{1}{4}x - \frac{1}{5} - \frac{3}{4}x - \frac{3}{10}$

[976] $\frac{3(2 - x)}{2} = \frac{2(x - 5)}{3} + x$ 　　[977] $\frac{x - 2}{3} - \frac{4 - x}{7} + \frac{20}{21} = 0$

[978] $\frac{5x + 1}{3} - 2x = \frac{11 - 2x}{4} - (\frac{1}{8}x - \frac{1}{2})$

[979] $\frac{3x + 3}{2} - (\frac{x + 1}{6} + 3) = \frac{5x + 2}{3} - (\frac{3x - 1}{2} - 3)$

[980] $\frac{4}{3}x + 2 + \frac{9}{4}x - \frac{1}{4} = 5\frac{2}{3} - \frac{2}{3}x + \frac{5}{3} - \frac{4}{3}x$

[981] $10 - (\frac{2x - 5}{3} + \frac{7x - 1}{8}) = 11 - (\frac{3x - 1}{4} + \frac{2x + 1}{3})$

[982] $1 - \frac{3(4x + 1)}{10} = \frac{7(3x - 2)}{15} - \frac{9}{4}x$

[983] $3x - \frac{1}{3} - \frac{3}{4}x + \frac{2}{5} = \frac{7}{4}x + \frac{1}{15}$

*[984] $\frac{4x - 9}{10} - \frac{3x - 7}{25} = \frac{2x - 1}{4} - \frac{11x + 14}{50}$

*[985] $(\frac{1}{6}x - \frac{1}{5})(\frac{1}{7}x + \frac{1}{2}) - (\frac{1}{3}x - 2)(\frac{1}{10}x + \frac{1}{20}) = 0$

5.3.2 　　　　　　　　　TEXTAUFGABEN

78. MUSTERAUFGABE:

Zwei Ölöfen verbrauchen die gleiche Menge Öl. Für beide würde ein Ölvorrat 44 Tage reichen. Ein dritter Ofen, der täglich 5 Liter Öl weniger als jeder der beiden anderen verbraucht, wird zusätzlich eingeschaltet. Dadurch reicht der Ölvorrat nur noch 32 Tage.
Wie groß ist der Ölvorrat?
Führe anschließend eine Probe durch.

Lösung:

Ölvorrat in l: x

Beide Öfen verbrauchen täglich zusammen $\frac{x}{44}$ l Öl,

jeder von ihnen somit täglich $\frac{x}{88}$ l Öl.

Der dritte Ofen verbraucht dann täglich $(\frac{x}{88} - 5)$ l Öl.

Einerseits verbrauchen alle drei Öfen zusammen täglich

$(\frac{x}{44} + \frac{x}{88} - 5)$ l Öl.

Da der Vorrat für alle drei Öfen 32 Tage reicht, verbrauchen

die drei Öfen andererseits täglich $\frac{x}{32}$ l Öl.

Somit ergibt sich die Gleichung

$$\frac{x}{44} + \frac{x}{88} - 5 = \frac{x}{32}$$

$$\frac{3x}{88} - 5 = \frac{x}{32}$$

$$12x - 1760 = 11x$$

$$x = 1760$$

Probe:

Der Vorrat beträgt 1760 l Öl. Die beiden Öfen verbrauchen
täglich 1760 l : 44 = 40 l. Der dritte Ofen verbraucht täglich 20 l - 5 l = 15 l Öl. Zusammen verbrauchen die drei Öfen
täglich 40 l + 15 l = 55 l Öl. Der Vorrat reicht somit tatsächlich 1760 Tage : 55 = 32 Tage.

Ergebnis: Der Vorrat beträgt 1760 l Öl.

[986] Der Kohlevorrat für einen Ofen reicht 48 Tage. Kommt
noch ein zweiter Ofen dazu, der täglich 8 kg Kohle
mehr als der erste Ofen verbraucht, dann reicht der
Kohlevorrat nur 20 Tage.
Wie groß ist der Kohlevorrat?

[987] In einer Firma werden die Produkte vor der Auslieferung
einer Funktionskontrolle unterzogen. Prüfer A würde allein dazu 42 Tage benötigen, Prüfer B allein 49 Tage.
Prüfer C prüft täglich 10 Produkte mehr als Prüfer A.

Würden alle drei Prüfer gemeinsam prüfen, dann wäre die Kontrolle in 14 Tagen möglich.

Wie viele Geräte waren zu überprüfen?

[988] Um eine bestimmte Anzahl von Werkstücken herzustellen, würde Mechaniker A allein 42 Tage, Mechaniker B allein 48 Tage benötigen. Mechaniker C fertigt täglich 2 Werkstücke mehr als Mechaniker B an. Alle drei Mechaniker zusammen würden 14 Tage brauchen, um diese Werkstücke herzustellen.

Wie viele Werkstücke mußten hergestellt werden?

[989] Ein Tank soll in einer bestimmten Zeit mit Wasser gefüllt werden.

Bei einer ersten Zuleitung, bei der in 6 Minuten 850 Liter Wasser zufließen, würden nach Ablauf dieser Zeit noch 300 Liter Wasser fehlen.

Bei einer zweiten Zuleitung, bei der in 8 Minuten 1360 Liter Wasser zufließen, würden nach Ablauf dieser Zeit 720 Liter übergelaufen sein.

a) Wieviel Zeit steht zur Verfügung?

b) Wieviel Liter Wasser faßt der Tank?

[990] Der Leiter einer Musikschule wird gefragt, wie viele Schüler er habe.

Der Schulleiter antwortet:"Die Hälfte aller Schüler spielt Klavier, der vierte Teil aller Schüler spielt Geige, der siebte Teil aller Schüler spielt Flöte und 6 Schüler spielen Trompete. Kein Schüler spielt mehr als ein Instrument."

Wie viele Schüler besuchen diese Musikschule?

6   BRUCHGLEICHUNGEN
6.1   BESTIMMUNG DER LÖSUNGSMENGE

Anmerkung:

Wir nennen eine Gleichung eine Bruchgleichung, wenn die Variable in mindestens einem Nenner auftritt.

So ist beispielsweise die Gleichung $\frac{2}{3}x - \frac{7}{4} = \frac{13}{8}$, obwohl gebrochene Koeffizienten auftreten, keine Bruchgleichung.

79. MUSTERAUFGABE:

Bestimme die Lösungsmenge der Gleichung

$$\frac{5}{4} - \frac{5x - 16}{6x} = \frac{8}{3x} + \frac{7x + 12}{15x}$$

bezüglich der Grundmenge $\mathbb{Q}$ und führe die Probe durch.

Lösung:

Bei Bruchgleichungen kann die Definitionsmenge D der Gleichung von der Grundmenge verschieden sein. In der Definitionsmenge sind alle diejenigen Elemente der Grundmenge nicht enthalten, die bei einer Belegung der Variablen mindestens einen Nenner den Wert 0 annehmen lassen: $D = \mathbb{Q} \setminus \{0\}$. Belegt man die Variable x mit 0, so ergibt sich

$$"\frac{5}{4} - \frac{0 - 16}{0} = \frac{8}{0} + \frac{0 + 12}{0}" \; .$$

Da die Division durch 0 nicht erklärt ist, liegt hier keine wahre Aussage vor. Daher kann 0 kein Lösungselement sein. Stets ist die Lösungsmenge eine (echte oder unechte) Teilmenge der Definitionsmenge.

Daher notieren wir:

$L \subseteq \mathbb{Q} \setminus \{0\}$.

$$\frac{5}{4} - \frac{5x - 16}{6x} = \frac{8}{3x} + \frac{7x + 12}{15x}$$

Bestimmung des Hauptnenners:

4	= 2 · 2			
6x	= 2 ·	3 ·		x
3x	=	3 ·		x
15x		3 ·	5 ·	x
HN	= 2 · 2 ·	3 ·	5 ·	x
	= 60x			

Wir multiplizieren beide Gleichungsterme mit diesem Hauptnenner:

$5 \cdot 15x - 10(5x - 16) = 20 \cdot 8 + 4(7x + 12)$

$$75x - 50x + 160 = 160 + 28x + 48$$
$$25x + 160 = 28x + 208$$
$$- 3x = 48$$
$$x = -16$$

-16 ist ein Element der Definitionsmenge der vorgegebenen
Gleichung.

Probe:

$$T_1 = (-16) = \frac{5}{4} - \frac{5 \cdot (-16) - 16}{6 \cdot (-16)} = \frac{5}{4} - \frac{(-6) \cdot 16}{6 \cdot (-16)} = \frac{5}{4} - 1$$
$$= \frac{1}{4}$$

$$T_r(-16) = \frac{8}{3 \cdot (-16)} + \frac{7 \cdot (-16) + 12}{15 \cdot (-16)} = -\frac{1}{6} + \frac{-100}{-240} = \frac{-2}{12} + \frac{5}{12} = \frac{3}{12}$$
$$= \frac{1}{4}$$

Da "$T_1(-16) = T_r(-16)$" eine wahre Aussage ist, ist -16 ein
Lösungselement.

Lösungsmenge: $L = \{-16\}$.

Bestimme bezüglich der Grundmenge $\mathbb{Q}$ die Lösungsmengen der
folgenden Gleichungen.

Führe stets die Probe durch.

[991] $\frac{1}{x} = \frac{1}{2}$ [992] $\frac{1}{x} = 2,4$

[993] $\frac{1}{x} = 3\frac{1}{3}$ [994] $\frac{2}{x} = 4$

[995] $\frac{3}{x} = \frac{1}{6}$ [996] $\frac{8}{x} = \frac{4}{5}$

[997] $\frac{4}{5} = \frac{2}{x}$ [998] $\frac{8}{x} - 3 = 1$

[999] $\frac{7}{x} - 6 = 1$ [1000] $\frac{100}{x} - 9999 = 1 - \frac{400}{x}$

[1001] $\frac{6}{x} - 3 = \frac{4}{x} + 1$ [1002] $5 - \frac{3}{x} = \frac{6}{x} - 13$

[1003] $\frac{5}{x} + \frac{13}{x} = 9$ [1004] $\frac{9}{x} - \frac{2}{x} = \frac{7}{8}$

[1005] $\frac{6}{x} + \frac{15}{x} - \frac{9}{x} = 9$ [1006] $\frac{4}{x} - \frac{1}{2} = \frac{7}{x} - \frac{1}{3} - \frac{9}{x}$

[1007] $\frac{1}{3} - \frac{6}{x} + \frac{1}{4} + \frac{1}{6} + \frac{2}{x} = 0$ [1008] $\frac{29}{x} - \frac{41}{x} = 5 - \frac{13}{x}$

[1009] $\dfrac{9}{x} + \dfrac{1}{2} = \dfrac{10}{x} + \dfrac{4}{9}$

[1010] $\dfrac{5}{6} + \dfrac{2}{3x} = 3 - \dfrac{3}{2x}$

[1011] $\dfrac{7}{4x} - \dfrac{3}{x} + 23 = \dfrac{2}{3x}$

[1012] $\dfrac{2}{5x} + \dfrac{4}{15x} - \dfrac{7}{3x} = 4 - \dfrac{1}{x}$

[1013] $\dfrac{13}{18x} - \dfrac{17}{24x} = \dfrac{1}{9}$

[1014] $\dfrac{1 - x}{3x} + \dfrac{8}{5} = \dfrac{7}{2x}$

[1015] $\dfrac{2}{x + 5} = \dfrac{1}{3}$

[1016] $\dfrac{10}{2 - x} = 4$

[1017] $\dfrac{x + 5}{3x} + \dfrac{5x - 8}{12x} = \dfrac{x + 20}{6x}$

[1018] $\dfrac{3x - 5}{6x} - \dfrac{3x + 3}{4x} = \dfrac{x + 2}{2x}$

[1019] $\dfrac{3}{x - 1} + 3 = 0$

*[1020] $\dfrac{5}{2x} - \dfrac{4}{7x} - \dfrac{2}{x} + \dfrac{1}{14x} = 0$

80. MUSTERAUFGABE:

Grundmenge sei die Menge $\mathbb{Q}$. Bestimme die Lösungsmenge der Gleichung

$$\dfrac{x}{x - 7} - \dfrac{x + 5}{x + 3} = 0.$$

Führe auch die Probe durch.

Lösung:

$N_1(x) = x - 7$ nimmt nur bei der Belegung von x mit 7 den Wert
        O an,

$N_2(x) = x + 3$ nimmt nur bei der Belegung von x mit -3 den Wert
        O an.

Auf jeden Fall gilt: $L \subseteq \mathbb{Q} \setminus \{-3; 7\}$.

Gemeinsames Vielfache der Nenner ist $(x-7)(x+3)$.

$$\dfrac{x}{x - 7} - \dfrac{x + 5}{x + 3} = 0 \qquad \mid \cdot (x-7)(x+3)$$

$$\dfrac{x(x - 7)(x + 3)}{x - 7} - \dfrac{(x + 5)(x - 7)(x + 3)}{x + 3} = 0$$

$$x(x + 3) - (x + 5)(x - 7) = 0$$

$$x^2 + 3x - (x^2 - 7x + 5x - 35) = 0$$

$$x^2 + 3x - x^2 + 7x - 5x + 35 = 0$$

$$5x + 35 = 0$$

$$5x = -35$$

$$x = -7$$

Probe:

$$T_1(-7) = \frac{-7}{-7-7} - \frac{-7+5}{-7+3} = \frac{-7}{-14} - \frac{-2}{-4} = \frac{1}{2} - \frac{1}{2} = 0,$$

$$T_r(-7) = 0;$$

da "$T_1(-7) = T_r(-7)$" eine wahre Aussage ist, ist -7 ein Lösungselement.

Lösungsmenge: L = {-7}.

Bestimme bezüglich der Grundmenge $\mathbb{Q}$ die Lösungsmengen der folgenden Gleichungen.

Führe stets die Probe durch.

[1021] $\dfrac{4}{x-3} = 2$

[1022] $\dfrac{15}{x+3} - \dfrac{6}{x-3} = 0$

[1023] $\dfrac{4}{x+1} = \dfrac{10}{x+4}$

[1024] $\dfrac{3x-5}{2x-4} = \dfrac{6x+4}{4x-1}$

[1025] $\dfrac{6x+3}{8x-5} - \dfrac{3x-4}{4x-8} = 0$

[1026] $\dfrac{3x}{x-6} - \dfrac{3x+4}{x+2} = 0$

[1027] $\dfrac{4x}{x-5} - \dfrac{8x-7}{2x-3} = 0$

[1028] $\dfrac{9x}{x-7} + \dfrac{45x}{1-5x} = 0$

[1029] $\dfrac{3}{x} + \dfrac{4x}{x+1} = 4 - \dfrac{2}{x}$

[1030] $\dfrac{x}{x-7} = \dfrac{x+5}{x+3}$

[1031] $\dfrac{9x}{5x-2} + \dfrac{9x-27}{1-5x} = 0$

[1032] $\dfrac{13}{12x-18} + \dfrac{3}{8-12x} = 0$

[1033] $\dfrac{x+6}{x} = \dfrac{x+4}{x+1}$

[1034] $\dfrac{4-x}{x+3} - \dfrac{3-x}{x+2} = 0$

[1035] $\dfrac{3x-12}{x-6} = \dfrac{3x+4}{x+2}$

[1036] $\dfrac{120}{x-12} = \dfrac{12}{x+12}$

[1037] $\dfrac{x+2}{x} = \dfrac{x}{x+2}$

[1038] $\dfrac{1}{x-100} = \dfrac{2}{x+100}$

[1039] $\dfrac{1}{2x+5} - \dfrac{1}{8x+3} = 0$

[1040] $\dfrac{x-2}{x-1} = \dfrac{x-6}{x-3}$

[1041] $\dfrac{1}{x-5} + \dfrac{2x-3}{x+2} = 2$

[1042] $\dfrac{5}{x-3} - \dfrac{6}{x} = 0$

[1043] $\dfrac{2x+3}{5} - \dfrac{8x+7}{20} = 1 - \dfrac{5x+2}{3x+4}$

[1044] $\dfrac{9x-8}{45} - \dfrac{x^2-1}{5x+1} = \dfrac{1}{5}$

[1045] $\dfrac{x+3}{x+1} + 13 = \dfrac{x-10}{x+1}$

[1046] $\dfrac{x-1}{x+6} = 1 - \dfrac{x-3}{x+6}$

[1047] $\dfrac{2x-5}{x+3} + \dfrac{3x-5}{x-7} = 5$

[1048] $\dfrac{x - 3}{x - 5} + \dfrac{x - 5}{x - 7} = 2$

[1049] $\dfrac{9x + 4}{5x - 48} + \dfrac{4x - 6}{51} = \dfrac{5x + 32}{17} - \dfrac{11x}{51}$

*[1050] $\dfrac{x^2 - x + 1}{x - 1} + \dfrac{x^2 + x + 1}{x + 1} = 2x$

81. MUSTERAUFGABE:

Bestimme die Lösungsmenge der Gleichung

$\dfrac{2 + x}{x - 4} - \dfrac{14}{3x - 12} - \dfrac{3}{2x - 8} = \dfrac{5}{6}$

bezüglich der Grundmenge $\mathbb{Q}$.

Führe anschließend die Probe durch.

Lösung:

$N_1(x) = x - 4 = 0$ \qquad\qquad\qquad für $x_1 = 4$,

$N_2(x) = 3x - 12 = 3(x - 4) = 0$ \quad für $x_1 = 4$,

$N_3(x) = 2x - 8 = 2(x - 4) = 0$ \quad für $x_1 = 4$,

$N_4(x) = 6 \neq 0$ \qquad\qquad\qquad für alle $x \in \mathbb{Q}$.

Jedenfalls gilt $L \subseteq \mathbb{Q} \setminus \{4\}$.

Hauptnenner: HN $= 6(x - 4)$.

$\dfrac{2 + x}{x - 4} - \dfrac{14}{3(x - 4)} - \dfrac{3}{2(x - 4)} = \dfrac{5}{6}$ \quad $| \cdot 6(x - 4)$

$6(2 + x) - 2 \cdot 14 - 3 \cdot 3 = 5(x - 4)$

$\qquad 12 + 6x - 28 - 9 = 5x - 20$

$\qquad\qquad\qquad\qquad x = 5$

Probe:

$T_1(5) = \dfrac{2 + 5}{5 - 4} - \dfrac{14}{3 \cdot 5 - 12} - \dfrac{3}{2 \cdot 5 - 8} = \dfrac{7}{1} - \dfrac{14}{3} - \dfrac{3}{2} = \dfrac{5}{6}$,

$T_r(5) = \dfrac{5}{6}$.

Da "$T_1(5) = T_r(5)$" eine wahre Aussage ist, ist 5 ein Lösungselement der Gleichung.

Lösungsmenge: $L = \{5\}$.

Bestimme bezüglich der Grundmenge $\mathbb{Q}$ die Lösungsmengen der folgenden Gleichungen.

Führe verschiedentlich die Probe durch.

[1051] $\dfrac{20x + 2}{6x + 6} - \dfrac{6x - 4}{2x + 2} = 1$ [1052] $\dfrac{1}{2x - 2} - \dfrac{1}{x - 1} - \dfrac{1}{2} = 0$

[1053] $\dfrac{2 + x}{x - 1} - \dfrac{5}{2x - 2} = \dfrac{5}{18} + \dfrac{8}{3x - 3}$

[1054] $\dfrac{1 - x}{5x - 10} - \dfrac{1 - x}{8x - 16} = \dfrac{2}{40x - 80}$

[1055] $\dfrac{2}{x - 4} + \dfrac{2}{x - 5} = \dfrac{10}{(x - 5)(x - 4)}$

[1056] $\dfrac{4x - 4}{5x - 2} - \dfrac{3x - 1}{10x - 4} + \dfrac{5x - 2}{15x - 6} = 0$

[1057] $\dfrac{4 - x}{x - 5} + \dfrac{x - 2}{10 - 2x} - \dfrac{1}{2} = 0$

[1058] $\dfrac{2x - 9}{24x - 16} - \dfrac{x - 14}{36x - 24} = 0$

[1059] $\dfrac{15x - 7}{60x - 72} - \dfrac{10x + 1}{45x - 54} = 0$

[1060] $\dfrac{3x - 13}{2x - 16} + \dfrac{2x - 12}{x - 8} = \dfrac{3x + 2}{3x - 24}$

*[1061] $\dfrac{2x - 3}{2x - 4} - 6 = \dfrac{x + 5}{3x - 6} - \dfrac{11}{2}$

*[1062] $\dfrac{3x - 4}{6x + 18} = \dfrac{5x + 8}{10x + 30} - \dfrac{11}{15x}$

*[1063] $\dfrac{3}{8x - 6} + \dfrac{x - 1}{12x - 9} = \dfrac{x}{20x - 15} + \dfrac{x + 2}{30x}$

*[1064] $\dfrac{7x - 3}{2x - 6} - \dfrac{27x - 3}{10x - 30} + \dfrac{13x + 99}{6x - 18} = 1 + \dfrac{5x - 9}{x - 3}$

*[1065] $\dfrac{7x - 6}{6x - 12} - \dfrac{5x + 6}{3x - 6} + \dfrac{2x - 4}{4x - 8} = \dfrac{x - 30}{x^2 - 2x}$

82. MUSTERAUFGABE:

Bestimme die Lösungsmenge der Gleichung

$$\dfrac{2x + 1}{2x - 1} - \dfrac{8}{4x^2 - 1} = \dfrac{2x - 1}{2x + 1}$$

bezüglich der Grundmenge $\mathbb{Q}$.

Lösung:

$N_1(x) = 2x - 1 = 0$ für $x_1 = 0,5$;

$N_2(x) = 4x^2 - 1 = (2x + 1)(2x - 1)$ für $x_1 = 0,5$, $x_2 = -0,5$;

$N_3(x) = 2x + 1 = 0$ für $x_2 = -0,5$.

Jedenfalls gilt $L \subseteq \mathbb{Q} \setminus \{-0,5;\ 0,5\}$.

Hauptnenner: $HN = (2x + 1)(2x - 1)$.

$$\frac{2x + 1}{2x - 1} - \frac{8}{(2x + 1)(2x - 1)} = \frac{2x - 1}{2x + 1} \qquad | \cdot (2x + 1)(2x - 1)$$

$$(2x + 1)(2x + 1) - 8 = (2x - 1)(2x - 1)$$

$$4x^2 + 4x + 1 - 8 = 4x^2 - 4x + 1$$

$$8x = 8$$

$$x = 1$$

1 ist ein Element der Definitionsmenge $\mathbb{Q} \setminus \{-0,5;\ 0,5\}$ der vorgegebenen Gleichung.

Daher gilt: $L = \{1\}$.

Bestimme bezüglich der Grundmenge $\mathbb{Q}$ die Lösungsmengen der folgenden Gleichungen.

[1066] $\dfrac{40}{x^2 - 9} + \dfrac{10}{x + 3} - \dfrac{8}{x - 3} = 0$

[1067] $\dfrac{1}{x^2 - 2x} = \dfrac{8}{x^2 - 4} - \dfrac{6}{x^2 + 2x}$

[1068] $\dfrac{17x^2 + 16x - 6}{16x^2 - 25} = \dfrac{7x + 16}{16x - 20} + \dfrac{10x + 1}{16x + 20}$

[1069] $\dfrac{3x - 5}{3x - 3} - \dfrac{2x - 7}{2x + 2} = \dfrac{19x - 3}{6x^2 - 6}$

[1070] $\dfrac{4}{x + 1} + \dfrac{x + 1}{x - 1} = \dfrac{x^2 - 3}{x^2 - 1}$

[1071] $\dfrac{3}{2x - 3} - \dfrac{2}{2x + 3} - \dfrac{15}{4x^2 - 9} = 0$

*[1072] $\dfrac{6 + 5x}{25 - 15x} - \dfrac{3 + 4x}{10 - 6x} + \dfrac{6 + 5x + 3x^2}{25 - 9x^2} = 0$

*[1073] $\dfrac{15x^2 + 16x - 35}{16x^2 - 25} = \dfrac{7x + 16}{16x - 20} + \dfrac{10x + 1}{20x + 25}$

*[1074] $\dfrac{5}{x^2 - 9} - \dfrac{3}{x^2 - 6x + 9} = 0$

*[1075] $\dfrac{3x - 1}{x - 4} - \dfrac{96}{x^2 - 16} = 5 - \dfrac{2x - 1}{x + 4}$

*[1076] $\dfrac{3}{x + 3} + \dfrac{5}{x - 5} = \dfrac{3}{x + 8} + \dfrac{5}{x - 8}$

*[1077] $\dfrac{9}{x - 7} - \dfrac{5}{x - 8} = \dfrac{9}{x - 2} - \dfrac{5}{x + 1}$

*[1078] $\dfrac{9}{x - 51} - \dfrac{9}{x - 15} = \dfrac{2}{x - 81} - \dfrac{2}{x + 81}$

*[1079] $\dfrac{2}{x - 14} - \dfrac{5}{x - 13} - \dfrac{2}{x - 9} + \dfrac{5}{x - 11} = 0$

*[1080] $\dfrac{x - 1}{x - 3} - \dfrac{x - 8}{x - 3} + \dfrac{x - 13}{x - 5} - \dfrac{x - 3}{x - 5} + \dfrac{3}{x - 7} = 0$

83. MUSTERAUFGABE:

Bestimme die Lösungsmenge der Gleichung

$$\dfrac{\dfrac{3x}{4} - \dfrac{1}{6}}{\dfrac{x}{2} - \dfrac{2}{3}} - \dfrac{\dfrac{x}{2} - \dfrac{1}{3}}{\dfrac{x}{3} - \dfrac{1}{2}} = 0$$

bezüglich der Grundmenge $\mathbb{Q}$ und führe anschließend die Probe durch.

Lösung:

$N_1(x) = \dfrac{x}{2} - \dfrac{2}{3} = 0 \quad$ für $x_1 = \dfrac{4}{3}$,

$N_2(x) = \dfrac{x}{3} - \dfrac{1}{2} = 0 \quad$ für $x_2 = \dfrac{3}{2}$.

Jedenfalls gilt $L \subseteq \mathbb{Q} \setminus \{\dfrac{4}{3}; \dfrac{3}{2}\}$.

$$\dfrac{\dfrac{3x}{4} - \dfrac{1}{6}}{\dfrac{x}{2} - \dfrac{2}{3}} - \dfrac{\dfrac{x}{2} - \dfrac{1}{3}}{\dfrac{x}{3} - \dfrac{1}{2}} = 0$$

$$\dfrac{\dfrac{9x - 2}{12}}{\dfrac{3x - 4}{6}} - \dfrac{\dfrac{3x - 2}{6}}{\dfrac{2x - 3}{6}} = 0$$

$$\dfrac{9x - 2}{2(3x - 4)} - \dfrac{3x - 2}{2x - 3} = 0$$

Hauptnenner: HN $= 2(3x - 4)(2x - 3)$.

$\dfrac{9x - 2}{2(3x - 4)} - \dfrac{3x - 2}{2x - 3} = 0 \qquad | \cdot 2(3x - 4)(2x - 3)$

$(9x - 2)(2x - 3) - 2(3x - 2)(3x - 4) = 0$

$18x^2 - 27x - 4x + 6 - 18x^2 + 24x + 12x - 16 = 0$

$\qquad\qquad\qquad\qquad\qquad 5x - 10 = 0$

$\qquad\qquad\qquad\qquad\qquad\qquad x = 2$

Probe:

$$T_1(2) = \frac{\frac{6}{4} - \frac{1}{6}}{\frac{2}{2} - \frac{2}{3}} - \frac{\frac{2}{2} - \frac{1}{3}}{\frac{2}{3} - \frac{1}{2}} = \frac{\frac{9-1}{6}}{\frac{6-4}{6}} - \frac{\frac{6-2}{6}}{\frac{4-3}{6}} = \frac{\frac{8}{6}}{\frac{2}{6}} - \frac{\frac{4}{6}}{\frac{1}{6}}$$

$$= \frac{8 \cdot 6}{2 \cdot 6} - \frac{4 \cdot 6}{1 \cdot 6} = 4 - 4 = 0,$$

$T_r(2) = 0.$

Da "$T_1(2) = T_r(2)$" eine wahre Aussage ist, ist 2 ein Lösungselement der Gleichung.

Lösungsmenge: L = {2}.

Bestimme in den folgenden Aufgaben die Lösungsmengen der
Gleichungen bezüglich der Grundmenge $\mathbb{Q}$.

Führe stets die Probe durch.

[1081] $\dfrac{x + \frac{3}{2}}{x} = \dfrac{x - \frac{1}{3}}{x - \frac{11}{24}}$ [1082] $\dfrac{\frac{2x}{3} - \frac{3}{4}}{\frac{x}{6}} = 5$

[1083] $\dfrac{\frac{2}{3}}{x - \frac{1}{2}} = \dfrac{\frac{3}{4}}{x + \frac{1}{3}}$ [1084] $\dfrac{\frac{1}{3} - x}{\frac{1}{3} + x} = \dfrac{\frac{1}{3} + x}{\frac{1}{3} - x}$

[1085] $\dfrac{x + \frac{1}{2}}{2} - \dfrac{2}{x + \frac{1}{2}} = \dfrac{x - \frac{1}{2}}{2}$ [1086] $\dfrac{\frac{x}{5} + \frac{1}{3}}{\frac{x}{5} - \frac{1}{3}} = \dfrac{\frac{x}{3} + \frac{1}{15}}{\frac{x}{3} - \frac{4}{5}}$

[1087] $\dfrac{x + \frac{24}{17}}{x - \frac{27}{17}} = \dfrac{x - \frac{10}{17}}{x - \frac{44}{17}}$

*[1088] $\dfrac{\frac{2}{3}x - \frac{2}{3}}{\frac{2}{3} - x} - \frac{2}{3} = \frac{2}{3} - \dfrac{\frac{2}{3}x + \frac{2}{3}}{\frac{2}{3} - x}$

*[1089] $\dfrac{\frac{1}{4} - x}{\frac{1}{4} + x} + \frac{1}{4} = \dfrac{\frac{1}{2} - x}{\frac{1}{4} + x} - \frac{1}{4}$

*[1090] $\dfrac{\frac{3}{2}}{\frac{1}{2}x - \frac{2}{3}} + \frac{1}{2} = \dfrac{\frac{3}{8}x}{\frac{3}{4}x + 1}$

138

84. MUSTERAUFGABE:

Bestimme die Lösungsmenge der Gleichung

$$5 - \frac{5}{1 - \frac{1}{x}} = \frac{3}{x + 2}$$

bezüglich der Grundmenge $\mathbb{Q}$ und führe anschließend die Probe durch.

Lösung:

$N_1(x) = x = 0$ für $x_1 = 0$,

$N_2(x) = 1 - \frac{1}{x} = \frac{x - 1}{x} = 0$ für $x_2 = 1$,

$N_3(x) = x + 2 = 0$ für $x_3 = -2$.

Definitionsmenge der Gleichung: $D = \mathbb{Q} \setminus \{-2; 0; 1\}$.

Jedenfalls gilt für die Lösungsmenge: $L \subseteq \mathbb{Q} \setminus \{-2; 0; 1\}$.

$$5 - \frac{5}{1 - \frac{1}{x}} = \frac{3}{x + 2}$$

$$5 - \frac{5}{\frac{x - 1}{x}} = \frac{3}{x + 2}$$

$$5 - \frac{5x}{x - 1} = \frac{3}{x + 2}$$

Hauptnenner: $HN = (x - 1)(x + 2)$.

$$5 - \frac{5x}{x - 1} = \frac{3}{x + 2} \quad | \cdot (x - 1)(x + 2)$$

$$5(x - 1)(x + 2) - 5x(x + 2) = 3(x - 1)$$

$$5x^2 + 5x - 10 - 5x^2 - 10x = 3x - 3$$

$$-8x = 7$$

$$x = -\frac{7}{8}$$

Probe:

$$T_1\left(-\frac{7}{8}\right) = 5 - \frac{5}{1 - \left(-\frac{8}{7}\right)} = 5 - \frac{5}{\frac{7 + 8}{7}} = 5 - \frac{5 \cdot 7}{15} = \frac{8}{3},$$

$$T_r\left(-\frac{7}{8}\right) = \frac{3}{-\frac{7}{8} + 2} = \frac{3}{\frac{-7 + 16}{8}} = \frac{3}{\frac{9}{8}} = \frac{3 \cdot 8}{9} = \frac{8}{3}.$$

Da "$T_1\left(-\frac{7}{8}\right) = T_r\left(-\frac{7}{8}\right)$" eine wahre Aussage ist, ist $-\frac{7}{8}$ ein Lösungselement der Gleichung.

Lösungsmenge: $L = \{-\frac{7}{8}\}$.

Bestimme in den folgenden Aufgaben die Lösungsmengen der Gleichungen bezüglich der Grundmenge $\mathbb{Q}$.
Führe stets die Probe durch.

[1091] $1 - \dfrac{1}{1 + \dfrac{3}{x}} = \dfrac{2}{x}$

[1092] $1 - \dfrac{1}{1 - \dfrac{1}{x}} = \dfrac{1}{x}$

[1093] $3 = \dfrac{1}{3} + \dfrac{1}{\dfrac{1}{x} + \dfrac{1}{3}}$

*[1094] $\dfrac{6 - \dfrac{1}{x}}{6 + \dfrac{1}{x}} - \dfrac{1}{x} = \dfrac{x - \dfrac{1}{6}}{x + \dfrac{1}{6}} - \dfrac{1}{6}$

*[1095] $\dfrac{10 - \dfrac{2}{x - 3}}{10 + \dfrac{3}{x + 5}} = 0$

85. MUSTERAUFGABE:

Bestimme die Lösungsmenge der Gleichung

$$x - 1 = x \cdot \frac{x + 2}{x - 1} - \frac{3}{x - 1}$$

bezüglich der Grundmenge $\mathbb{Q}$ und führe anschließend die Probe durch.

Lösung:

$N(x) = x - 1 = 0$ für $x = 1$.

Jedenfalls gilt $L \subseteq \mathbb{Q} \setminus \{1\}$.

$$x - 1 = x \cdot \frac{x + 2}{x - 1} - \frac{3}{x - 1} \qquad | \cdot (x - 1) \tag{1}$$

$$(x - 1)^2 = \frac{x(x + 2)(x - 1)}{(x - 1)} - \frac{3(x - 1)}{(x - 1)} \tag{2}$$

$$(x - 1)^2 = x(x + 2) - 3 \tag{3}$$
$$x^2 - 2x + 1 = x^2 + 2x - 3$$
$$-4x = -4$$
$$x = 1$$

Da 1 kein Element der Definitionsmenge $D = \mathbb{Q} \setminus \{1\}$ der vorgegebenen Gleichung ist, gilt für die Lösungsmenge: $L = \emptyset$.

Probe:

$T_1(1) = 1 - 1 = 0$,

$T_r(1) = 1 \cdot \dfrac{1 + 2}{1 - 1} - \dfrac{3}{1 - 1} = 1 \cdot \dfrac{3}{0} - \dfrac{3}{0}$ ist nicht definiert.

Da $T_r(1)$ gar nicht definiert ist, ist "$T_1(1) = T_r(1)$" keine wahre Aussage. Daher ist 1 kein Lösungselement der vorgegebenen Bruchgleichung.

Anmerkung:

1 ist kein Lösungselement der vorgegebenen Bruchgleichung (1). Dagegen ist 1 bezüglich der Grundmenge $\mathbb{Q}$ ein Lösungselement der Gleichung (3). Somit ist der Übergang von Gleichung (1) zu Gleichung (3) bezüglich der Grundmenge $\mathbb{Q}$ keine Äquivalenz-umformung!

Beim Übergang von Gleichung (1) zu Gleichung (2) könnte, da der Term x-1 bei der Belegung von x mit 1 den Wert 0 annimmt, das Lösungselement 1 hinzukommen. Dies geschieht aber nicht, denn 1 ist kein Element der Definitionsmenge der Gleichung (2). Beim Kürzen der Brüche, dem Übergang von Gleichung (2) zu Gleichung (3), muß x = 1 ausgeschlossen werden, denn mit 1 - 1 = 0 darf nicht gekürzt werden. Der Übergang von (2) zu (3) ist bezüglich $\mathbb{Q}$ keine Äquivalenzumformung: 1 ist zwar Lösungselement von (3), nicht aber auch Lösungselement von (2). Man erkennt, daß der Übergang von Gleichung (1) zur Gleichung (3) bezüglich der Definitionsmenge $D = \mathbb{Q} \setminus \{1\}$ der Gleichung (1) eine Äquivalenzumformung ist.

Bei der Ermittlung der Lösungsmenge einer Bruchgleichung bieten sich zwei Wege an:

Man ermittelt zunächst die Definitionsmnege D der Bruchgleichung und beachtet, daß nur Elemente von D als Lösungselemente in Frage kommen, was wir durch $L \subseteq D$ zum Ausdruck bringen. Dann ist die Probe grundsätzlich überflüssig. Sie bringt nur zusätzliche Sicherheit.

Oder aber man verzichtet auf die Ermittlung der Definitionsmenge. Dann ist jedoch die Probe unbedingt erforderlich. Sie muß dann nämlich verhindern, daß nicht irrtümlicherweise Zahlen als Lösungselemente angesehen werden, welche nicht einmal der Definitionsmenge der vorgegebenen Bruchgleichung angehören.

Bestimme in den folgenden Aufgaben die Lösungsmengen der
Gleichungen bezüglich der Grundmenge $\mathbb{Q}$:

[1096] $x + 2 + \dfrac{12}{x + 2} = x \cdot \dfrac{x - 4}{x + 2}$

[1097] $\dfrac{3x}{x + 1} = \dfrac{x + 1}{x - 1} + 2$ [1098] $\dfrac{4x + 3}{x - 2} - \dfrac{4x - 6}{x + 4} = 0$

[1099] $\dfrac{3x + 5}{x + 1} = \dfrac{x + 1}{x - 1} + 2$ [1100] $\dfrac{2x + 4}{x + 2} - \dfrac{x}{x - 6} = 1$

86. MUSTERAUFGABE:

Bestimme die Lösungsmenge der Gleichung

$$\frac{1}{x^2 - 7x} - \frac{1}{x^2 + 7x} = \frac{14}{x^3 - 49x}$$

bezüglich der Grundmenge $\mathbb{Q}$.
Führe die Probe durch.
Lösung:

$N_1(x) = x^2 - 7x = x(x - 7) = 0$ für $x_1 = 0$, $x_2 = 7$;

$N_2(x) = x^2 + 7x = x(x + 7) = 0$ für $x_1 = 0$, $x_3 = -7$;

$N_3(x) = x^3 - 49x = x(x + 7)(x - 7) = 0$ für $x_1 = 0$, $x_2 = 7$,
                                           $x_3 = -7$.

Definitionsmenge der Gleichung: $D = \mathbb{Q} \setminus \{-7; 0; 7\}$.
Jedenfalls gilt für die Lösungsmenge: $L \subseteq \mathbb{Q} \setminus \{-7; 0; 7\}$.
Hauptnenner: $HN = x(x + 7)(x - 7)$.

$$\frac{1}{x(x - 7)} - \frac{1}{x(x + 7)} = \frac{14}{x(x + 7)(x - 7)} \quad | \cdot x(x + 7)(x - 7)$$
$$x + 7 - (x - 7) = 14$$
$$14 = 14$$

"$14 = 14$" ist eine wahre Aussage. Da die Variable x nicht enthal-
ten ist, bleibt dies bei jeder Belegung von x eine wahre Aussage.
"$14 = 14$" ist bezüglich $D = \mathbb{Q} \setminus \{-7; 0; 7\}$ zur vorgegebenen
Gleichung äquivalent. Daher gilt: $L = \mathbb{Q} \setminus \{-7; 0; 7\}$.
Probe:
Es sei a ein beliebiges, aber fest gewähltes Element von L.

$$T_1(x=a) = \frac{1}{a^2 - 7a} - \frac{1}{a^2 + 7a} = \frac{(a + 7) - (a - 7)}{a(a + 7)(a - 7)} = \frac{14}{a(a + 7)(a - 7)}$$

$$= \frac{14}{a^3 - 49a}$$

$$T_r(x=a) = \frac{14}{a^3 - 49a}$$

Für jedes feste $a \in D$ ist die Aussage "$T_l(a) = T_r(a)$" wahr.

Jedes $a \in \mathbb{Q} \setminus \{-7; 0; 7\}$ ist ein Lösungselement der vorgegebenen Gleichung.

Für jedes $a \in \{-7; 0; 7\}$ sind die Brüche in $T_l(a)$ beziehungsweise in $T_r(a)$ gar nicht definiert.

Ergebnis: Lösungsmenge $L = \mathbb{Q} \setminus \{-7; 0; 7\}$.

Bestimme in den folgenden Aufgaben die Lösungsmengen der Gleichungen bezüglich der Grundmenge $\mathbb{Q}$.

Führe stets die Probe durch.

[1101] $\dfrac{1}{x^2 - 6x} - \dfrac{1}{x^2 + 6x} - \dfrac{12}{x^3 - 36x} = 0$

[1102] $\dfrac{28}{x^3 - 49x} - \dfrac{2}{x^2 - 7x} = \dfrac{2}{x^2 + 7x}$

[1103] $\dfrac{x}{x + 3} - \dfrac{x}{x - 3} = \dfrac{6x}{x^2 - 9}$

[1104] $\dfrac{3}{5x + 1} = \dfrac{30}{25x^2 - 1} - \dfrac{3}{5x - 1}$

[1105] $x - \dfrac{1}{x - 1} = x \cdot \dfrac{x - 2}{x - 1} + 1$

87. MUSTERAUFGABE:

Bestimme die Lösungsmenge der Gleichung

$$\frac{5 - 2x}{x - 3} + \frac{4 - 2x}{3 - x} = 1$$

bezüglich der Grundmenge $\mathbb{Q}$.

Lösung:

$N_1(x) = x - 3 = 0$ für $x_1 = 3$,

$N_2(x) = 3 - x = 0$ für $x_1 = 3$.

Das gleiche Lösungselement ist ein Hinweis darauf, daß man $N_2(x)$ durch $N_1(x)$ ausdrücken kann:

$3 - x = (-1) \cdot (x - 3)$.

Damit läßt sich die vorgegebene Gleichung folgendermaßen um-
schreiben:

$$\frac{5 - 2x}{x - 3} + \frac{4 - 2x}{3 - x} = 1$$

$$\frac{5 - 2x}{x - 3} + \frac{4 - 2x}{(-1)(x - 3)} = 1$$

$$\frac{5 - 2x}{x - 3} - \frac{4 - 2x}{x - 3} = 1$$

$$\frac{(5 - 2x) - (4 - 2x)}{x - 3} = 1$$

$$\frac{5 - 2x + 2x - 4}{x - 3} = 1$$

$$\frac{1}{x - 3} = 1$$

Definitionsmenge $D = \mathbb{Q} \setminus \{3\}$.
Jedenfalls gilt $L \subseteq \mathbb{Q} \setminus \{3\}$.

$$\frac{1}{x - 3} = 1 \quad | \cdot (x - 3)$$

$$1 = x - 3$$

$$x = 4 \qquad\qquad (1)$$

Da 4 ein Element von D ist, gilt $L = \{4\}$.

Anmerkung:

Man kann auch die beiden Seiten der Ausgangsgleichung mit
dem gemeinsamen Vielfachen $(x-3)(3-x)$ der beiden Nenner
multiplizieren:

$$\frac{5 - 2x}{x - 3} + \frac{4 - 2x}{3 - x} = 1 \quad | \cdot (x - 3)(3 - x)$$

$$(5 - 2x)(3 - x) + (4 - 2x)(x - 3) = (x - 3)(3 - x)$$

$$15 - 11x + 2x^2 + 10x - 2x^2 - 12 = -x^2 + 6x - 9$$

$$x^2 - 7x + 12 = 0 \qquad\qquad (2)$$

Anstelle der linearen Gleichung (1) ergibt sich bei der
Multiplikation mit dem "größeren" gemeinsamen Nenner die
quadratische Gleichung (2).

Der linke Term von (2) läßt sich in Faktoren zerlegen:
$(x - 4)(x - 3) = 0$.

Lösungselemente dieser Gleichung sind offensichtlich $x_1 = 4$
und $x_2 = 3$.

Da $x_1 = 4$ ein Element der Definitionsmenge $\mathbb{Q} \setminus \{3\}$ der Ausgangsgleichung ist, gilt $4 \in L$. Dagegen ist $x_2 = 3$ kein Element der Definitionsmenge $\mathbb{Q} \setminus \{3\}$.

Somit ist $L = \{4\}$.

Hinweis:

Man erkennt, daß es beim praktischen Durchrechnen darauf ankommt, ein möglichst geschicktes gemeinsames Vielfache der Nenner heranzuziehen. Verwendet man den gemeinsamen Nenner $x-3$, so wird man auf die lineare Gleichung $1 = x-3$ geführt, deren Lösungsmenge $\{4\}$ sofort abgelesen werden kann. Dagegen führt das "ungeschicktere" gemeinsame Vielfache $(x-3)(3-x)$ auf die quadratische Gleichung $x^2-7x+12 = 0$ mit dem zusätzlichen, aber auszuscheidenden Lösungselement $3 \notin \mathbb{Q} \setminus \{3\}$.

Bestimme in den folgenden Aufgaben die Lösungsmengen der Gleichungen bezüglich der Grundmenge $\mathbb{Q}$.

Führe stets zur Sicherheit die Probe durch.

[1106] $\dfrac{2x - 7}{x - 6} - 3 = \dfrac{4 - 2x}{6 - x}$ [1107] $\dfrac{3 - 2x}{x - 4} + \dfrac{2 - 2x}{4 - x} = 1$

[1108] $\dfrac{4}{x + 2} + \dfrac{1}{1 - x} = \dfrac{3}{x + 1}$ [1109] $3 - \dfrac{5x}{5 - x} - \dfrac{25}{x - 5} = 8$

[1110] $\dfrac{2x + 6}{x + 3} - \dfrac{6x}{3x + 2} = 0$ [1111] $\dfrac{2}{3x + 1} = \dfrac{1}{2 + 6x}$

[1112] $\dfrac{2x - 7}{x - 5} + \dfrac{3 - 2x}{5 - x} = 0$ [1113] $\dfrac{12x - 20}{x - 4} + \dfrac{7x}{4 - x} = 0$

[1114] $\dfrac{17x}{x + 5} + \dfrac{15x + 10}{- x - 5} = 0$ [1115] $\dfrac{3x}{2x - 3} + \dfrac{2x}{3 - 2x} - 1 = 0$

[1116] $4x + 3 - \dfrac{5}{2x - 3} = 2x + \dfrac{5}{3 - 2x}$

[1117] $\dfrac{1}{x - 4} + \dfrac{1}{x - 7} = \dfrac{2}{x - 1} + \dfrac{1}{x - 7}$

[1118] $\dfrac{5}{x - 2} + \dfrac{8}{x + 1} = 4 + \dfrac{5}{x - 2}$

[1119] $3 - \dfrac{5x}{5 - x} - \dfrac{25}{x - 5} = 2$

[1120] $1 + \dfrac{3}{x - 2} = \dfrac{4x + 2}{x} - \dfrac{3x - 2}{x - 1} + \dfrac{3}{x - 2}$

[1121] $2x + 3 + \dfrac{5}{2x + 3} = \dfrac{4x^2 - 2x}{2x + 3}$

[1122] $\dfrac{7x}{x-3} + \dfrac{4x}{x-1} - \dfrac{4x}{x+1} + \dfrac{7x}{3-x} = 0$

[1123] $\dfrac{x+3}{x-3} = \dfrac{x+3}{3-x} + \dfrac{2x-3}{x+3}$ [1124] $\dfrac{34-5x}{4-2x} - \dfrac{14x-20}{3x-6} = 7$

[1125] $\dfrac{4}{x-4} + \dfrac{x}{4-x} + 1 = 0$ [1126] $\dfrac{2x-4}{x-6} - 3 = \dfrac{4-2x}{6-x}$

*[1127] $\dfrac{7x+4}{x-5} + \dfrac{2}{1-2x} = \dfrac{6x-2}{2x-1} - \dfrac{4x+5}{5-x}$

*[1128] $\dfrac{5x-30}{x^2-20x+100} - \dfrac{5}{10-x} = 0$

*[1129] $\dfrac{5x-30}{x^2-12x+36} - \dfrac{2}{6-x} = \dfrac{3}{x-6}$

*[1130] $\dfrac{5}{x+3} + \dfrac{12}{-x-3} + \dfrac{7x+21}{x^2+6x+9} = 0$

6.2   WERTE VON BRUCHTERMEN

88. MUSTERAUFGABE:

Gegeben ist der Term $T(x) = \dfrac{4}{x-3}$ über der Grundmenge $\mathbb{Q}$.

a) Bestimme die Definitionsmenge des Terms.

b) Berechne die Werte $T(2)$ und $T(3)$.

c) Bei welcher Belegung der Variablen x nimmt der Term $T(x)$
   den Wert 2 an?

d) Bei welcher Belegung der Variablen x nimmt der Term $T(x)$
   den Wert 3 an?

Lösung:

a) $T(x)$ ist nur dann nicht definiert, wenn der Nennerterm
   $N(x) = x - 3$ den Wert 0 annimmt.
   $x - 3 = 0$ für $x = 3$.
   Somit ergibt sich die Definitionsmenge $D = \mathbb{Q} \setminus \{3\}$.

b) $T(2) = \dfrac{4}{2-3} = \dfrac{4}{-1} = -4$;

   $T(3) = \dfrac{4}{3-3} = \dfrac{4}{0}$ ist nicht definiert!

c) $T(x) = 2$ führt auf die Gleichung

   $\dfrac{4}{x-3} = 2$ bezüglich der Grundmenge $\mathbb{Q} \setminus \{3\}$.

146

$$\frac{4}{x - 3} = 2 \qquad | \cdot (x - 3)$$

$$4 = 2x - 6$$

$$2x = 10$$

$$x = 5 \;; \; L = \{5\}.$$

Der Term T(x) nimmt nur bei der Belegung der Variablen x mit der Zahl 5 den Wert 2 an; T(5) = 2.

d) T(x) = 3 führt auf die Gleichung

$$\frac{4}{x - 3} = 3 \text{ bezüglich der Grundmenge } \mathbb{Q} \setminus \{3\}.$$

$$\frac{4}{x - 3} = 3 \qquad | \cdot (x - 3)$$

$$4 = 3x - 9$$

$$3x = 13$$

$$x = \frac{13}{3} \;; \; L = \{4\tfrac{1}{3}\}.$$

Der Term T(x) nimmt nur bei der Belegung der Variablen x mit der Zahl $4\tfrac{1}{3}$ den Wert 3 an; $T(4\tfrac{1}{3}) = 3$.

[1131] Gegeben ist der Term $T(x) = \frac{5}{x + 2}$ über der Grundmenge $\mathbb{Q}$.

    a) Bestimme die Definitionsmenge des Terms.

    b) Ermittle die Werte T(0), T(2) und T(-2).

    c) Bei welcher Belegung der Variablen x nimmt der Term T(x) den Wert 10 an?

[1132] Gegeben ist der Term $T(x) = \frac{3}{2x - 4}$ über der Grundmenge $\mathbb{Q}$.

    a) Bestimme die Definitionsmenge des Terms.

    b) Bei welcher Belegung der Variablen x nimmt der Term T(x) den Wert 0,5 an?

    c) Ermittle T(-2), T(0) und T(2).

[1133] Gegeben ist der Term $T(x) = \frac{3x}{x^2 - 16}$ über der Grundmenge $\mathbb{Q}$.

    a) Bestimme die Definitionsmenge des Terms.

    b) Ermittle die Werte T(0), T(1), T(-1), T(2) und T(-2).

    c) Bei welcher Belegung der Variablen x nimmt T(x) den Wert 0 an?

[1134] Gegeben ist der Term $T(x) = \dfrac{2x - 5}{x - 4}$ über der Grundmenge $\mathbb{Q}$.

a) Ermittle die Definitionsmenge des Terms.

b) Bestimme die Werte $T(0)$, $T(1)$, $T(3)$, $T(3,5)$, $T(3,9)$, $T(4,1)$, $T(4,5)$ und $T(5)$.

c) Bei welcher Belegung der Variablen x nimmt $T(x)$ den Wert 1 an?

d) Bei welcher Belegung der Variablen x nimmt $T(x)$ den Wert 0,5 an?

*[1135] Gegeben ist der Term $T(x) = \dfrac{2x^2}{x^2 + 1}$ über der Grundmenge $\mathbb{Q}$.

a) Ermittle die Definitionsmenge des Terms.

b) Bestimme die Werte $T(0)$, $T(1)$, $T(-1)$, $T(3)$, $T(-3)$, $T(10)$ und $T(100)$.

c) Bei welchen Belegungen der Variablen x nimmt $T(x)$ den Wert 1 an?

d) Bei welchen Belegungen der Variablen x nimmt $T(x)$ den Wert 1,96 an?

e) Bei welchen Belegungen der Variablen x nimmt $T(x)$ den Wert 2 an?

89. MUSTERAUFGABE:

Gegeben ist der Term $T(x) = \dfrac{x}{x - 3} - \dfrac{x}{3 - x}$ über der Grundmenge $\mathbb{Q}$.

a) Bestimme die Definitionsmenge des Terms.

b) Vereinfache den Term.

c) Berechne die Werte $T(13)$, $T(-3)$, $T(0)$, $T(2)$, $T(4)$, $T(40)$ und $T(400)$.

d) Bei welcher Belegung der Variablen x nimmt der Term $T(x)$ den Wert 4 an?

e) Bei welcher Belegung der Variablen x nimmt der Term $T(x)$ den Wert 40 an?

f) Bei welcher Belegung der Variablen x nimmt der Term $T(x)$ den Wert 2 an?

Lösung:

a) $N_1(x) = x - 3 = 0$ für $x = 3$;

    $N_2(x) = 3 - x = 0$ für $x = 3$.

    Somit ergibt sich die Definitionsmenge $D = \mathbb{Q} \setminus \{3\}$.

b) $T(x) = \dfrac{x}{x - 3} - \dfrac{x}{3 - x}$

$$= \frac{x}{x - 3} - \frac{(-1)x}{(-1)(3 - x)}$$

$$= \frac{x}{x - 3} - \frac{-x}{x - 3}$$

$$= \frac{x}{x - 3} + \frac{x}{x - 3}$$

$$= \frac{2x}{x - 3}$$

$T(x) = \dfrac{x}{x - 3} - \dfrac{x}{3 - x} = \dfrac{2x}{x - 3}$ für alle $x \in D = \mathbb{Q} \setminus \{3\}$.

Bei jeder Belegung der Variablen x mit einem Element der Definitionsmenge $D = \mathbb{Q} \setminus \{3\}$ des Terms $T(x)$ nehmen der Term $T(x) = \dfrac{x}{x - 3} - \dfrac{x}{3 - x}$ und der Term $V(x) = \dfrac{2x}{x - 3}$ jeweils den gleichen Wert an.

c) $T(13) = \dfrac{13}{13 - 3} - \dfrac{13}{3 - 13}$

$$= \frac{13}{10} - \frac{13}{-10} = \frac{13}{10} - \left(- \frac{13}{10}\right) = \frac{13}{10} + \frac{13}{10} = \frac{26}{10}$$

$$= 2,6$$

Wegen $T(x) = V(x)$ für alle $x \in D = \mathbb{Q} \setminus \{3\}$ kann man auch so rechnen:

$T(13) = V(13) = \dfrac{2 \cdot 13}{13 - 3} = \dfrac{26}{10} = 2,6$.

$T(-3) = V(-3) = \dfrac{2 \cdot (-3)}{- 3 - 3} = \dfrac{-6}{-6} = 1$;

$T(0) = V(0) = \dfrac{0 \cdot 3}{0 - 3} = \dfrac{0}{-3} = 0$;

$T(2) = V(2) = \dfrac{2 \cdot 2}{2 - 3} = \dfrac{4}{-1} = -4$;

$T(4) = V(4) = \dfrac{2 \cdot 4}{4 - 3} = \dfrac{8}{1} = 8$;

$T(40) = V(40) = \dfrac{2 \cdot 40}{40 - 3} = \dfrac{80}{37} = 2\frac{6}{37}$;

$$T(400) = V(400) = \frac{2 \cdot 400}{400 - 3} = \frac{800}{397} = 2\frac{6}{397}.$$

d) $T(x) = 4$ bedeutet

$$\frac{x}{x - 3} - \frac{x}{3 - x} = 4.$$

Gesucht ist die Lösungsmenge dieser Gleichung. Dabei sind allerdings nur solche Lösungselemente gesucht, mit denen man die Variable x des Terms $T(x)$ belegen darf. Es sind also nur Lösungselemente gefragt, welche auch der Definitionsmenge $D = \mathbb{Q} \setminus \{3\}$ des Terms $T(x)$ angehören.

Gesucht ist somit die Lösungsmenge der Gleichung

$\frac{x}{x - 3} - \frac{x}{3 - x} = 4$ bezüglich der Grundmenge $D = \mathbb{Q} \setminus \{3\}$.

Gleichwertig ist die Gleichung

$\frac{2x}{x - 3} = 4$ bezüglich der Grundmenge $D = \mathbb{Q} \setminus \{3\}$.

$$\frac{2x}{x - 3} = 4 \qquad | \cdot (x - 3)$$

$$2x = 4x - 12$$

$$2x = 12$$

$$x = 6.$$

Wegen $6 \in \mathbb{Q} \setminus \{3\}$ ergibt sich $L = \{6\}$.

Der Term $T(x)$ nimmt nur bei der Belegung der Variablen x mit der Zahl 6 den Wert 4 an; $T(6) = 4$.

e) $T(x) = 40$ führt auf die Gleichung

$\frac{2x}{x - 3} = 40$ bezüglich der Grundmenge $D = \mathbb{Q} \setminus \{3\}$.

$$\frac{2x}{x - 3} = 40 \qquad | \cdot (x - 3)$$

$$2x = 40x - 120$$

$$38x = 120$$

$$x = \frac{60}{19}.$$

$x = 3\frac{3}{19}$; wegen $3\frac{3}{19} \in \mathbb{Q} \setminus \{3\}$ ergibt sich $L = \{3\frac{3}{19}\}$.

Der Term $T(x)$ nimmt nur bei der Belegung der Variablen x mit der Zahl $3\frac{3}{19}$ den Wert 40 an; $T(3\frac{3}{19}) = 40$.

f) T(x) = 2 führt auf die Gleichung

$\dfrac{2x}{x - 3} = 2$ bezüglich der Grundmenge D = $\mathbb{Q} \setminus \{3\}$.

$\dfrac{2x}{x - 3} = 2 \qquad | \cdot (x - 3)$

$\quad 2x = 2x - 6$

$\quad 0 = -6$

Die Gleichung ist unerfüllbar; L = $\emptyset$.
Der Term T(x) nimmt bei keiner Belegung der Variablen x den Wert 2 an.

[1136] Gegeben ist der Term T(a) = $\dfrac{4}{2 - a} + \dfrac{2}{a - 2}$ über der Grundmenge $\mathbb{Q}$.

a) Bestimme die Definitionsmenge D des Terms T(a).

b) Vereinfache den Term T(a).

c) Ermittle die Werte T(-2), T(-1), T(0), T(1), T(2), T(10) und T(100).

d) Bei welcher Belegung der Variablen a nimmt der Term T(a) den Wert 0,5 an?

e) Bei welcher Belegung der Variablen a nimmt der Term T(a) den Wert 1 an?

f) Bei welcher Belegung der Variablen a nimmt der Term T(a) den Wert -1 an?

[1137] Gegeben ist der Term T(x) = $\dfrac{3}{x - 1} + 2$ über der Grundmenge $\mathbb{Q}$.

a) Bestimme die Definitionsmenge D des Terms T(x).

b) Vereinfache den Term T(x).

c) Ermittle die Werte T(0), T(-2), T(2), T(-9), T(11), T(-99), T(101), T(-999) und T(1001).

d) Bei welcher Belegung der Variablen x nimmt der Term T(x) den Wert 0 an?

e) Bei welcher Belegung der Variablen x nimmt der Term T(x) den Wert -2 an?

f) Bei welcher Belegung der Variablen x nimmt der Term T(x) den Wert 2 an?

[1138] Gegeben ist der Term $T(x) = \dfrac{2x}{x-5} - \dfrac{2-x}{x-5}$ über der Grundmenge $\mathbb{Q}$.

a) Bestimme die Definitionsmenge D des Terms T(x).

b) Vereinfache den Term T(x).

c) Ermittle die Werte T(0), T(1), T(10), T(100) und T(1000).

d) Bei welcher Belegung der Variablen x nimmt der Term T(x) den Wert 0 an?

e) Bei welcher Belegung der Variablen x nimmt der Term T(x) den Wert 1 an?

f) Bei welcher Belegung der Variablen x nimmt der Term T(x) den Wert 2 an?

[1139] Gegeben ist der Term $T(x) = \dfrac{3}{x} + 5 - \dfrac{1}{x}$ über der Grundmenge $\mathbb{Q}$.

a) Bestimme die Definitionsmenge D des Terms T(x).

b) Vereinfache den Term T(x).

c) Ermittle die Werte T(1), T(-1), T(10), T(-10), T(100) und T(-100).

d) Ermittle die Werte T(0,5), T(-0,5), T(0,1), T(-0,1), T(0,01) und T(-0,01).

e) Bei welcher Belegung der Variablen x nimmt der Term T(x) den Wert 10 an?

f) Bei welcher Belegung der Variablen x nimmt der Term T(x) den Wert 0,1 an?

*[1140] Gegeben ist der Term $T(m) = \dfrac{5m-10}{m^2-4}$ über der Grundmenge $\mathbb{Q}$.

a) Bestimme die Definitionsmenge D des Terms T(m).

b) Vereinfache den Term T(m).

c) Ermittle die Werte T(0), T(1), T(-1), T(2), T(-2) und T(11).

d) Bei welcher Belegung der Variablen m nimmt der Term T(m) den Wert 0,25 an?

e) Bei welcher Belegung der Variablen m nimmt der Term T(m) den Wert 1,25 an?

90. MUSTERAUFGABE:

Welche Zahl muß man zum Zähler und zum Nenner des Bruches $\frac{1}{5}$ addieren, um einen Bruch vom Wert $\frac{7}{8}$ zu erhalten?
Führe anschließend die Probe durch.

Lösung:

Für die gesuchte Zahl führen wir die Variable x ein.

Addiert man zum Zähler und zum Nenner des Bruches $\frac{1}{5}$ die Zahl x, so ergibt sich der Bruch $\frac{1 + x}{5 + x}$.

Daß dieser Bruch den Wert $\frac{7}{8}$ haben soll, führt auf die Gleichung

$\frac{1 + x}{5 + x} = \frac{7}{8}$ bezüglich der Grundmenge $\mathbb{Q}$.

Wir bestimmen die Lösungsmenge L.

Jedenfalls gilt $L \subseteq \mathbb{Q} \setminus \{-5\}$.

$$\frac{1 + x}{5 + x} = \frac{7}{8} = |\cdot 8(5 + x)$$
$$8(1 + x) = 7(5 + x)$$
$$8 + 8x = 35 + 7x$$
$$x = 27 \; ; \; L = \{27\}.$$

Probe:

Addiert man zum Zähler und zum Nenner von $\frac{1}{5}$ die Zahl 27, so ergibt sich der Bruch $\frac{1 + 27}{5 + 27} = \frac{28}{32}$.

Kürzt man durch 4, so zeigt sich, daß $\frac{28}{32} = \frac{7}{8}$ den geforderten Wert besitzt.

Ergebnis: Die gesuchte Zahl ist 27.

[1141] Welche Zahl muß man zum Zähler und auch zum Nenner des Bruches $\frac{1}{8}$ addieren, um einen Bruch vom Wert $\frac{5}{6}$ zu erhalten?

[1142] Welche Zahl muß man vom Zähler des Bruches $\frac{50}{67}$ subtrahieren und gleichzeitig zum Nenner addieren, um einen Bruch vom Wert $\frac{1}{2}$ zu erhalten?

[1143] Der Nenner eines Bruches ist um 3 größer als der Zähler. Werden Zähler und Nenner jeweils um 2 vermindert, so nimmt der Bruch den Wert $\frac{1}{2}$ an.

Wie heißt der Bruch in seiner ursprünglichen Form?

[1144] Der Nenner eines Bruches ist um 1 größer als das Doppelte des Zählers. Vermehrt man den Zähler und den Nenner jeweils um 3, so hat der neue Bruch den Wert $\frac{5}{9}$. Wie heißt der Bruch in seiner ursprünglichen Form?

*[1145] Gegeben ist der Bruch $\frac{3}{4}$.

Gibt es eine Zahl mit folgender Eigenschaft: Multipliziert man mit ihr den Zähler und addiert sie gleichzeitig zum Nenner, so ändert sich der Wert des Bruches $\frac{3}{4}$ nicht?

91. MUSTERAUFGABE:

Der Zähler eines Bruches ist um 9 kleiner als der Nenner. Addiert man zum Zähler 13 und subtrahiert vom Nenner 6, so hat der neue Bruch den Wert des Kehrbruches (den Kehrwert) des alten Bruches.

Ermittle den Bruch in seiner ursprünglichen Form.

Führe auch die Probe durch.

Lösung:

Die Variable für den Nenner des ursprünglichen Bruches sei x. Dann ist x-9 der Zähler, $\frac{x-9}{x}$ der ursprüngliche Bruch und $\frac{x}{x-9}$ sein Kehrbruch.

Der neue Bruch hat die Form $\frac{x - 9 + 13}{x - 6} = \frac{x + 4}{x - 6}$.

Somit ergibt sich die Gleichung

$\frac{x}{x - 9} = \frac{x + 4}{x - 6}$ bezüglich der Grundmenge $Q \setminus \{0;\ 6;\ 9\}$.

Wir bestimmen die Lösungsmenge:

$\frac{x}{x - 9} = \frac{x + 4}{x - 6}$ $\quad | \cdot (x - 9)(x + 6)$

$x(x - 6) = (x + 4)(x - 9)$

$x^2 - 6x = x^2 - 5x - 36$

$\qquad x = 36$; $L = \{36\}$.

Probe:

Der Nenner des ursprünglichen Bruches war 36. Der Zähler war dann 36-9 = 27. Der ursprüngliche Bruch war $\frac{27}{36}$.

Addiert man zum Zähler des Bruches $\frac{27}{36}$ die Zahl 13 und subtrahiert vom Nenner die Zahl 6, so ergibt sich $\frac{27 + 13}{36 - 6} = \frac{40}{30} = \frac{4}{3}$.
Auch der Kehrbruch des ursprünglichen Bruches hat diesen Wert:
$\frac{36}{27} = \frac{4}{3}$.
Ergebnis: Der ursprüngliche Bruch hatte die Form $\frac{27}{36}$.

Anmerkung:
Die Brüche $\frac{27}{36}$ und $\frac{3}{4}$ haben den gleichen Wert, nicht aber die gleiche Form. Die in der Textaufgabe geforderten Eigenschaften hat nur der Bruch $\frac{27}{36}$.

[1146] Bei einem Bruch ist der Nenner um 7 größer als der Zähler. Addiert man zum Zähler 45 und zum Nenner 17, so hat der neue Bruch denselben Wert wie der Kehrbruch (den Kehrwert) des ursprünglichen Bruches.
Wie heißt der ursprüngliche Bruch?

[1147] Der Nenner eines Bruches ist um 5 größer als der Zähler. Wird der Zähler um 14 vermehrt und der Nenner um 1 vermindert, so hat der neue Bruch denselben Wert wie der Kehrbruch (den Kehrwert) des alten Bruches.
Wie heißt der alte Bruch?

*[1148] Bildet man aus einem Bruch, dessen Zähler um 7 kleiner als der Nenner ist, dadurch einen neuen Bruch, daß man den Zähler um 4 vergrößert und den Nenner verdreifacht, so ergibt die Summe beider Brüche $\frac{4}{5}$.
Wie heißt der ursprüngliche Bruch?

*[1149] Bei welchem Bruch vom Wert $\frac{4}{7}$ ist der Zähler um 21 größer als der Nenner?

*[1150] Der Wert eines Bruches ist $\frac{4}{11}$. Subtrahiert man vom Zähler 8 und addiert zum Nenner 3, so ergibt sich ein neuer Bruch. Addiert man zum Zähler des ursprünglichen Bruches 12 und zum Nenner 83, so ergibt sich ein weiterer neuer Bruch.
Wie heißt der ursprüngliche Bruch, wenn die beiden neuen Brüche den gleichen Wert haben?

92. MUSTERAUFGABE:

Dividiert man das um 19 vermehrte Fünffache einer natürlichen Zahl durch das Vierfache der um 8 verminderten Zahl, so ergibt sich 2 Rest 32.

Wie heißt diese Zahl?

Führe auch die Probe durch.

Lösung:

Die Variable für eine gesuchte Zahl sei x.

Das um 19 vermehrte Fünffache der Zahl: $5x + 19$.

Das Vierfache der um 8 verminderten Zahl: $4(x - 8)$.

Damit ergibt sich die Gleichung

$\dfrac{5x + 19}{4(x - 8)} = 2 + \dfrac{32}{4(x - 8)}$ bezüglich der Grundmenge $\mathbb{N}$.

Wir ermitteln die Lösungsmenge L.

Jedenfalls gilt $L \subseteq \mathbb{N} \setminus \{8\}$.

$\dfrac{5x + 19}{4(x - 8)} = 2 + \dfrac{32}{4(x - 8)}$ $\quad | \cdot 4(x - 8)$

$5x + 19 = 8(x - 8) + 32$

$\qquad 3x = 51$

$\qquad\ x = 17 \ ; \ L = \{17\}.$

Probe:

Das um 19 vermehrte Fünffache der natürlichen Zahl 17 ist die Zahl $5 \cdot 17 + 19 = 104$.

Das Vierfache der um 8 verminderten Zahl ist die Zahl $4(17 - 8) = 4 \cdot 9 = 36$.

Es ergibt sich $\dfrac{104}{36} = 2 + \dfrac{32}{36}$, wofür man auch "2 Rest 32" sagt.

Ergebnis: Die gesuchte Zahl ist 17.

[1151] Dividiert man das um 3 vermehrte Fünffache einer natürlichen Zahl durch das Doppelte der Zahl, so ergibt sich 3 Rest 1.
Wie heißt diese Zahl?

[1152] Dividiert man das Sechsfache einer um 2 vermehrten natürlichen Zahl durch das um 1 verminderte Siebenfache der Zahl, so erhält man 1 Rest 3.
Wie heißt diese Zahl?

*[1153] Dividiert man das um 2 vermehrte Dreifache einer Zahl
durch ihr Doppeltes, so ergibt sich 0,1 mehr, als wenn
man die um 5 vermehrte Zahl durch die Zahl dividiert.
Wie heißt diese Zahl?

*[1154] Gibt es eine ganze Zahl, für die gilt:
Dividiert man die um 37 vermehrte Zahl durch die um
17 vermehrte Zahl, so ergibt sich 2 Rest 3?

*[1155] Gibt es eine ganze Zahl, für die gilt:
Dividiert man das Zwölffache der um 1 verminderten
Zahl durch das um 5 verminderte Dreifache der Zahl, so
ergibt sich 4 Rest 8?

93. MUSTERAUFGABE:

Ein Kessel wird durch zwei Zuflüsse A und B in 2 Stunden ge-
füllt. Beim Zufluß A allein würde der Kessel in der halben
Zeit gefüllt, die der Zufluß B allein benötigen würde.
In welcher Zeit würde der Zufluß A allein den Kessel füllen?

Lösung:

1. Lösungsweg:

Der Zufluß A allein benötige x Stunden, um den Kessel zu füllen. Dann fließen aus ihm in einer Stunde $\frac{1}{x}$ des Kesselinhaltes. Aus dem Zufluß B fließen in einer Stunde $\frac{1}{2x}$ des Kesselinhaltes.

Aus beiden Zuflüssen A und B fließen in einer Stunde zusammen
$(\frac{1}{x} + \frac{1}{2x})$ des Kesselinhaltes.

Andererseits benötigen beide Zuflüsse A und B zusammen 2 Stunden, um den Kessel zu füllen. Aus beiden Zuflüssen zusammen
fließt dann in einer Stunde die Hälfte des Kesselinhaltes.

Damit ergibt sich die Gleichung

$\frac{1}{x} + \frac{1}{2x} = \frac{1}{2}$ bezüglich der Grundmenge $\mathbb{Q}^+$.

Wir ermitteln die Lösungsmenge L.

Jedenfalls gilt $L \subseteq \mathbb{Q}^+$.

$\frac{1}{x} + \frac{1}{2x} = \frac{1}{2}$ $| \cdot 2x$

$2 + 1 = x$

$\quad x = 3 \; ; \; L = \{3\}.$

Probe:

Der Zufluß A benötigt allein 3 Stunden, der Zufluß B allein 6 Stunden, um den Kessel zu füllen. Aus dem Zufluß A fließen in einer Stunde $\frac{1}{3}$ des Kesselinhaltes, aus dem Zufluß B in einer Stunde $\frac{1}{6}$ des Kesselinhaltes.

Aus beiden Zuflüssen fließen in einer Stunde $\frac{1}{3} + \frac{1}{6} = \frac{1}{2}$ des Kesselinhaltes.

Dann aber brauchen beide Zuflüsse zusammen tatsächlich 2 Stunden, um den Kessel zu füllen.

Ergebnis: Der Zufluß A würde den Kessel allein in 3 Stunden füllen.

2. Lösungsweg:

Der Kessel fasse a Liter. Der Zufluß A benötige x Stunden, um den Kessel zu füllen.

Dann fließen durch den Zufluß A in einer Stunde $\frac{a}{x}$ Liter.

Der Zufluß B benötigt 2x Stunden, um den Kessel zu füllen.

Daher fließen durch den Zufluß B in einer Stunden $\frac{a}{2x}$ Liter.

Durch beide Zuflüsse gemeinsam fließen dann in einer Stunde

$(\frac{a}{x} + \frac{a}{2x})$ Liter $= (\frac{1}{x} + \frac{1}{2x})a$ Liter.

Andererseits benötigen beide Zuflüssen zusammen 2 Stunden, um den Kessel zu füllen. Daher fließen durch beide in einer Stunde $\frac{a}{2}$ Liter.

Somit erhält man die Gleichung

$(\frac{1}{x} + \frac{1}{2x})a = \frac{1}{2}a.$

Dividiert man beide Terme durch a ≠ 0, so ergibt sich eine Gleichung, die die Variable x allein enthält:

$\frac{1}{x} + \frac{1}{2x} = \frac{1}{2}.$

Diese Gleichung ist mit der im 1. Lösungsweg identisch, führt somit auch zum gleichen Ergebnis.

Der Zufluß A würde den Kessel allein in 3 Stunden füllen.

[1156] Ein Becken wird durch zwei Zuflüsse A und B gefüllt.
Durch den Zufluß A allein würde das Becken in 12 Stunden gefüllt werden, durch die beiden Zuflüsse A und B
gemeinsam in 4 Stunden.
In welcher Zeit würde das Becken durch den Zufluß B
allein gefüllt werden?

[1157] Ein Schwimmbecken wird durch drei Zuflüsse A, B und C
gefüllt. Der Zufluß A allein würde 10 Stunden, der Zufluß B allein 12 Stunden benötigen. Alle drei Zuflüsse
zusammen würden 4 Stunden brauchen.
Wie lange würde Zufluß C allein benötigen, um das
Schwimmbecken zu füllen?

[1158] Ein Bassin wird durch zwei Zuflüsse A und B gefüllt.
Durch den Zufluß A allein wäre das Bassin in 6 Stunden
gefüllt, durch den Zufluß B allein in 4 Stunden.
In welcher Zeit würde das Bassin durch beide Zuflüsse
zusammen gefüllt werden?

[1159] Ein Wasserbecken wird durch zwei Röhren A und B ge-
füllt. Die Röhre A benötigt allein 2 Stunden, die Röhre
B allein 4 Stunden länger.
In welcher Zeit würde das Wasserbecken durch beide
Röhren zusammen gefüllt werden?

[1160] Ein großes Faß kann von einem Zufluß A allein in 12
Minuten, von einem Zufluß B allein in 24 Minuten und
von einem Zufluß C allein in 36 Minuten gefüllt werden.
In welchen Zeiten würden die beiden Zuflüsse A und B,
A und C, B und C jeweils zusammen das Faß füllen?

*[1161] Ein Kessel kann durch zwei Zuflüsse A und B gefüllt
und durch den Abfluß C geleert werden. A benötigt allein 30 Minuten, B allein 40 Minuten, um den Kessel
zu füllen.
Sind sowohl die beiden Zuflüsse A und B als auch der
Abfluß C gleichzeitig geöffnet, so ist der leere Kessel
nach 1 Stunde gefüllt.
In welcher Zeit kann der gefüllte Kessel durch den
Abfluß C geleert werden?

*[1162] Ein Kessel kann durch zwei Zuflüsse A und B gefüllt
werden. A allein benötigt dreimal soviel Zeit wie A
und B zusammen, um den Kessel zu füllen. B allein benötigt 6 Stunden weniger als A allein.
Wie lange brauchen A und B zusammen, um den Kessel zu
füllen?

94. MUSTERAUFGABE:

Eine bestimmte Anzahl von Geräten soll geprüft werden. Ein
Prüfer A allein würde dazu 60 Stunden benötigen. Nachdem er
bereits 22 Stunden geprüft hat, kommt ein weiterer Prüfer B
hinzu, so daß die Prüfung nach weiteren 18 Stunden abgeschlos-
sen ist.
Welche Zeit würde Prüfer B allein benötigen, um alle Geräte
zu überprüfen?

Lösung:

Um alle a Geräte zu prüfen, möge Prüfer B allein x Stunden
benötigen.

Prüfer A prüft in 22 Stunden $\frac{22}{60}$a Geräte.

In den folgenden 18 Stunden prüft A weitere $\frac{18}{60}$a Geräte.

Während dieser 18 Stunden prüft B $\frac{18}{x}$a Geräte.

Es werden also insgesamt $(\frac{22}{60} + \frac{18}{60} + \frac{18}{x})$a Geräte geprüft.

Weil aber alle a Geräte zu prüfen sind, ergibt sich
die Gleichung

$$(\frac{22}{60} + \frac{18}{60} + \frac{18}{x})a = a.$$

Da die Anzahl a der Geräte von O verschieden sein muß, können
beide Terme durch a (a $\neq$ O) dividiert werden, wodurch man die
Gleichung

$$\frac{22}{60} + \frac{18}{60} + \frac{18}{x} = 1 \text{ bezüglich der Grundmenge } \mathbb{Q}^+$$

erhält, in der nur noch die Variable x vorkommt.
Wir ermitteln die Lösungsmenge L.
Jedenfalls gilt $L \subseteq \mathbb{Q}^+$.

$$\frac{22}{60} + \frac{18}{60} + \frac{18}{x} = 1$$

$$\frac{40}{60} + \frac{18}{x} = 1$$

$$\frac{2}{3} + \frac{18}{x} = 1$$

$$\frac{18}{x} = \frac{1}{3} \quad | \cdot 3x$$

$$x = 54 \ ; \ L = \{54\}.$$

Ergebnis: Prüfer B würde allein 54 Stunden benötigen,
um alle Geräte zu prüfen.

[1163] Um einen Auftrag zu erfüllen, müßte eine erste Maschine
allein 14 Tage, eine zweite Maschine allein 21 Tage
in Betrieb sein.
Nach wieviel Tagen wäre der Auftrag erfüllt, wenn beide
Maschinen gleichzeitig in Betrieb wären?

[1164] Eine größere Anzahl Adressen müssen geschrieben werden.
Eine erste Sekretärin würde dazu 12 Stunden benötigen,
zusammen mit einer zweiten Sekretärin 8 Stunden.
Wie lange würde die zweite Sekretärin allein benötigen,
um die Adressen zu schreiben?

[1165] Ein Kohlenlager soll durch Lastkraftwagen abgefahren
werden. Mit dem größten Lastkraftwagen allein würde
das 40 Tage, mit dem mittleren Lastkraftwagen allein
48 Tage und mit dem kleinsten Lastkraftwagen allein
60 Tage dauern.
Nach wieviel Tagen wäre das Lager leer, wenn alle drei
Lastkraftwagen gleichzeitig fahren würden?

[1166] Ein Holzvorrat könnte mit einer ersten Kreissäge allein
in 20 Stunden, mit einer zweiten Kreissäge allein in
24 Stunden verarbeitet werden. Würde man noch eine
dritte Kreissäge einsetzen, dann wäre der Holzvorrat
in 8 Stunden verarbeitet.
In welcher Zeit würde der Holzvorrat mit der dritten
Kreissäge allein verarbeitet werden?

*[1167] Drei Maschinen A, B und C sollen eine bestimmte An-
zahl Schrauben herstellen.
Maschine A braucht allein 12 Tage.
Maschine B stellt in der gleichen Zeit doppelt soviel
Schrauben wie Maschine A und Maschine C dreimal soviel
Schrauben wie Maschine A her.
Nach wieviel Tagen wären die Schrauben hergestellt,
wenn alle drei Maschinen gleichzeitig in Betrieb wä-
ren?

*[1168] Drei Maschinen A, B und C sollen eine bestimmte An-
zahl Schrauben herstellen.
Maschine A braucht allein 12 Tage, Maschine B allein
9 Tage.
Nachdem A und B gemeinsam 2 Tage in Betrieb waren,
wird zusätzlich noch Maschine C in Betrieb genommen.
Nun sind nach zwei weiteren Tagen alle Schrauben hergestellt.
Wie lange müßte Maschine C allein in Betrieb sein, um
alle Schrauben herzustellen?

*[1169] Ein Auftrag wird von einem ersten Arbeiter allein in
66 Tagen ausgeführt. Nachdem dieser 18 Tage gearbeitet
hat, wird ihm noch ein zweiter Arbeiter zugewiesen,
mit dem zusammen er noch weitere 26 Tage arbeiten muß.
Wie lange müßte der zweite Arbeiter allein tätig sein,
um den gesamten Auftrag auszuführen?

*[1170] Eine Planierung soll durch drei verschieden große
Raupen A, B und C erfolgen. Mit Raupe A allein würde
das 12 Tage, mit Raupe B allein 15 Tage und mit Raupe
C allein 20 Tage dauern.
a) In welcher Zeit würde die gesamte Planierung durchgeführt sein, wenn alle drei Raupen gemeinsam in
   Betrieb wären?
b) Wie lange würde die Planierung insgesamt dauern,
   wenn nach zwei Tagen die Raupe C ausfallen würde
   und nur die beiden Raupen A und B noch in Betrieb
   wären?

95. MUSTERAUFGABE:

Grundmenge sei die Menge Q. Bestimme die Lösungsmenge der Ungleichung

$$\frac{2x}{9} - \frac{5x}{12} < \frac{3}{8}.$$

Veranschauliche die Lösungsmenge auf dem Zahlenstrahl.

Gib an, welche der Zahlen -100; -0,5; 0,5 und 100 jeweils Elemente der Lösungsmenge sind.

Lösung:

$$\frac{2x}{9} - \frac{5x}{12} < \frac{3}{8}.$$

Wir multiplizieren beide Seiten der Ungleichung mit dem Hauptnenner 72.

Da 72 positiv ist, bleibt dabei das Ungleichungszeichen erhalten:

$$\frac{2x}{9} - \frac{5x}{12} < \frac{3}{8} \quad | \cdot 72$$

$$16x - 30x < 27$$

$$- 14x < 27$$

Nun multiplizieren wir beide Terme mit $- \frac{1}{14}$. Da $- \frac{1}{14}$ negativ ist, muß das Ungleichungszeichen umgekehrt werden:

$$- 14x < 27 \quad | \cdot (- \frac{1}{14})$$

$$x > -1,5$$

$L = \{x | \ x > -1,5 \ \text{und} \ x \in Q\}.$

Wir veranschaulichen diese Lösungsmenge auf dem Zahlenstrahl:

| -1,5   -1   0   1 |

Man erkennt: -100 $\notin$ L; -0,5 $\in$ L; 0,5 $\in$ L; 100 $\in$ L.

Grundmenge sei die Menge Q. Bestimme in den Aufgaben jeweils die Lösungsmenge und stelle diese auf dem Zahlenstrahl dar.

Gib an, welche der Zahlen -100; -0,5; 0,5 und 100 jeweils Elemente der Lösungsmenge sind.

[1171] $\frac{x}{3} < \frac{x}{4} + \frac{1}{6}$ [1172] $\frac{2}{3}x - \frac{3}{4}x < \frac{1}{2} + \frac{1}{6}x$

[1173] $\dfrac{2(x + 1)}{3} - 1 > \dfrac{3}{5}$ [1174] $\dfrac{x - 3}{3} > \dfrac{x - 5}{5}$

[1175] $\dfrac{x - 9}{5} < \dfrac{x + 9}{3} - 5$

96. MUSTERAUFGABE:

Grundmenge sei die Menge Q. Bestimme die Lösungsmenge der Ungleichung

$\dfrac{x + 1}{x - 1} > 0.$

Stelle die Lösungsmenge auch auf dem Zahlenstrahl dar. Entscheide, ob die Zahlen

$-1,5$; $-0,5$; $0,5$; $1,5$

Elemente der Lösungsmenge sind.

Lösung:

$N(x) = x - 1 = 0$ für $x = 1$.

Daher gilt $L \subseteq Q \setminus \{1\}$.

1. Lösungsweg:

Man möchte die beiden Terme der Ungleichung mit dem Term $x-1$ multiplizieren. Dabei ist aber Vorsicht geboten, denn je nach der Belegung der Variablen x mit einem Element der Definitionsmenge $Q \setminus \{1\}$ der Ungleichung nimmt der Term $T(x) = x-1$ einen positiven oder einen negativen Wert an. Diese beiden Fälle müssen getrennt behandelt werden.

1. Fall:

$x - 1 > 0,$

es sei nun also $x > 1$ erfüllt.

$\dfrac{x + 1}{x - 1} > 0 \quad | \cdot (x - 1)$

Bei jeder Belegung mit einer Zahl, die größer als 1 ist, nimmt $x-1$ einen positiven Wert an. Da nun aber nur solche Zahlen zugelassen sind, bleibt das Ungleichungszeichen unverändert.

$x + 1 > 0 \cdot (x - 1)$

$x + 1 > 0$

$\quad x > -1$

Wir betrachten nun nur solche Zahlen, welche größer als 1 sind.
Von diesen lösen diejenigen die Ungleichung, welche auch größer als -1 sind. Dieser Forderung genügen aber alle betrach-
teten Zahlen.
Somit ergibt sich eine erste Lösungsmenge
$L_1 = \{x|\ x > 1\}$.

2. Fall:

$x - 1 < 0$,

es sei nun also $x < 1$ erfüllt.

$\dfrac{x + 1}{x - 1} > 0 \quad |\cdot(x - 1)$

Bei jeder Belegung mit einer Zahl, die kleiner als 1 ist,
nimmt x-1 einen negativen Wert an. Weil nun nur solche Zahlen zugelassen sind, muß das Ungleichungszeichen umgekehrt
werden.

$x + 1 < 0 \cdot (x - 1)$

$x + 1 < 0$

$\quad x < -1$

Betrachtet werden nun nur solche Zahlen, welche kleiner als 1
sind. Von diesen lösen diejenigen die vorgegebene Ungleichung,
welche auch kleiner als -1 sind.
Somit ergibt sich eine zweite Lösungsmenge
$L_2 = \{x|\ x < -1\}$.

Gesamtlösungsmenge L:
Jedes Element der Definitionsmenge $\mathbb{Q} \setminus \{1\}$, welches der ersten Lösungsmenge L_1 oder der zweiten Lösungsmenge L_2 oder
beiden Lösungsmengen angehört, ist ein Lösungselement der
vorgegebenen Ungleichung. Daher erhält man die Gesamtlösungsmenge L als Vereinigungsmenge der Teillösungsmengen L_1 und L_2:
$L = L_1 \cup L_2 = \{x|\ x < -1 \text{ oder } x > 1\}$.

Wir veranschaulichen L auf dem Zahlenstrahl:

Man erkennt: $-1{,}5 \in L$; $-0{,}5 \notin L$; $0{,}5 \notin L$; $1{,}5 \in L$.

165

2. Lösungsweg:

Das Besondere an der vorgegebenen Ungleichung ist, daß der
eine Ungleichungsterm ein Bruchterm, der andere aber die
Zahl O ist. Bei jeder Belegung der Variablen x mit einem
Element der Definitionsmenge $D = \mathbb{Q} \setminus \{1\}$ der Ungleichung ergibt sich auf der linken Seite ein Bruch.
Ein Bruch ist dann und nur dann positiv, wenn der Zähler und
der Nenner das gleiche Vorzeichen haben.
1. Möglichkeit:
"Z(x) = x + 1 > O und N(x) = x - 1 > O",
wenn "x > -1 und x > 1",
wenn "x > 1".

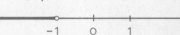

2. Möglichkeit:
"Z(x) = x + 1 < O und N(x) = x - 1 < O",
wenn "x < -1 und x < 1",
wenn "x < -1".

Bei einer Belegung der Variablen x mit einem Element der Definitionsmenge $\mathbb{Q} \setminus \{1\}$ ist der entstehende Bruch dann und
nur dann positiv, wenn die 1. Möglichkeit oder die 2. Möglichkeit realisiert ist.
Somit ergibt sich die Gesamtlösungsmenge L der Ungleichung
als
L = {x| x < -1 oder x > 1}.
Wir veranschaulichen auf dem Zahlenstrahl:

3. Lösungsweg:

Der 2. Lösungsweg kann graphisch übersichtlich gestaltet
werden. Zunächst interessieren wir uns dafür, ob bei einer
Belegung der Variablen x mit einem Element x aus $\mathbb{Q} \setminus \{1\}$ der
Zählerterm Z(x) = x+1 einen positiven oder einen nichtpositi-
ven (einen negativen Wert oder den Wert O) annimmt:

$Z(x) = x + 1 > 0$ für $x > -1$,

$Z(x) = x + 1 \leq 0$ für $x \leq -1$.

Auch interessieren wir uns, für welche Belegungen der Nennerterm $N(x) = x-1$ einen positiven, für welche Belegungen er einen negativen Wert annimmt. Da nur Elemente aus $\mathbb{Q} \setminus \{1\}$ betrachtet werden, kann $N(x)$ nicht den Wert 0 annehmen.

$N(x) = x - 1 > 0$ für $x > 1$,

$N(x) = x - 1 < 0$ für $x < 1$.

Die folgende Skizze macht den Sachverhalt deutlich:

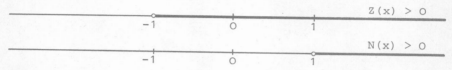

Da ein Bruch dann und nur dann positiv ist, wenn der Zähler
und der Nenner jeweils das gleiche Vorzeichen haben, kann aus
dieser Zeichnung die Lösungsmenge L der vorgegebenen Bruch-
ungleichung $\frac{Z(x)}{N(x)} > 0$ direkt abgelesen werden:

$L = \{x|\ x < -1 \text{ oder } x > 1\}$.

Grundmenge sei die Menge $\mathbb{Q}$. Bestimme in den folgenden Aufgaben die Lösungsmengen der Ungleichungen nach verschiedenen
Methoden.

Veranschauliche die Lösungsmengen auf dem Zahlenstrahl.

[1176] $\frac{5}{x} < 0$

[1177] $\frac{4}{x} - \frac{3}{2x} > 0$

[1178] $\frac{2}{3x} - \frac{7}{5x} < 0$

[1179] $\frac{2}{x + 3} > 0$

[1180] $\frac{3}{x - 2} < 0$

[1181] $\frac{-7}{x + 2} > 0$

[1182] $\frac{-5}{2x - 5} < 0$

[1183] $\frac{x}{x + 1} < 0$

[1184] $\frac{x}{2x - 4} < 0$

[1185] $\frac{3x}{2 - x} > 0$

[1186] $\dfrac{x - 1}{x + 1} < 0$

[1187] $\dfrac{x + 2}{x} > 0$

[1188] $\dfrac{x - 2}{x - 1} > 0$

[1189] $\dfrac{x + 2}{2 - x} > 0$

[1190] $\dfrac{2x - 5}{x + 2} < 0$

[1191] $\dfrac{2x - 3}{x} < \dfrac{2x + 3}{x}$

[1192] $1 + \dfrac{1}{x} > 0$

*[1193] $2 - \dfrac{3}{x} < 0$

*[1194] $\dfrac{x}{x^2 + 1} > 0$

*[1195] $\dfrac{x - 1}{x^2 + 4} < 0$

97. MUSTERAUFGABE:

Grundmenge sei die Menge $\mathbb{Q}$. Bestimme die Lösungsmenge der Ungleichung

$$\frac{5x}{x + 1} \leq 4.$$

Stelle die Lösungsmenge auch auf dem Zahlenstrahl dar.

Lösung:·

N(x) = x + 1 = 0   für x = -1.

Daher gilt L $\subseteq \mathbb{Q} \setminus \{-1\}$.

1. Lösungsweg:

Wir formen die Ungleichung so um, daß die eine Ungleichungs-
seite ein Bruchterm und die andere die Zahl 0 ist.

Da dies ohne Multiplikation gelingt, sind hierbei keine Fallunterscheidungen erforderlich:

$$\frac{5x}{x + 1} \leq 4 \qquad |-4$$

$$\frac{5x}{x + 1} - 4 \leq 0$$

$$\frac{5x - 4(x + 1)}{x + 1} \leq 0$$

$$\frac{x - 4}{x + 1} \leq 0.$$

Wir interessieren uns dafür, bei welchen Belegungen der
Variablen x mit einem Element der Definitionsmenge $\mathbb{Q} \setminus \{-1\}$
der Zählerterm Z(x) = x-4 einen nichtnegativen (einen positi-
ven Wert oder 0) annimmt und bei welchen Belegungen er einen
negativen Wert annimmt:

$Z(x) = x - 4 \geq 0$ für $x \geq 4$,

$Z(x) = x - 4 < 0$ für $x < 4$.

Weiter ermitteln wir den Nennerterm $N(x)$:

$N(x) = x + 1 > 0$ für $x > -1$,

$N(x) = x + 1 < 0$ für $x < -1$.

Die folgende Skizze macht den Sachverhalt deutlich:

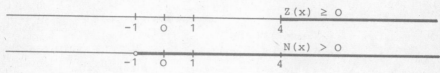

Ein Bruchterm $\frac{Z(x)}{N(x)}$ nimmt dann und nur dann den Wert 0 an, wenn der Zähler den Wert 0 und der Nenner einen von 0 verschiedenen Wert annimmt. Ein Bruch ist dann und dann negativ, wenn der Zähler und der Nenner jeweils verschiedene Vorzeichen haben.

Damit kann man die Lösungsmenge direkt aus der obigen Skizze ablesen:

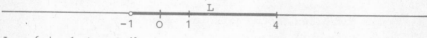

$L = \{x \mid -1 < x \leq 4\}$.

2. Lösungsweg:

$$\frac{5x}{x + 1} \leq 4$$

Man möchte beide Terme der Ungleichung mit dem Term $N(x) = x+1$ multiplizieren.

Dabei sind Fallunterscheidungen erforderlich:

1. Fall:

$x + 1 > 0$,

es sei also $x > -1$ erfüllt.

$$\frac{5x}{x + 1} \leq 4 \qquad | \cdot (x + 1)$$

$5x \leq 4(x + 1)$

$5x \leq 4x + 4$

$x \leq 4$

Betrachtet man nur die Zahlen, welche größer als -1 sind, so
lösen diejenigen die Ungleichung, welche kleiner oder gleich
4 sind.

Somit ergibt sich eine erste Lösungsmenge

$L_1 = \{x|\ -1 < x \leq 4\}$.

2. Fall:

$x + 1 < 0$,

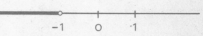

es sei also $x < -1$ erfüllt.

Multipliziert man in diesem Fall beide Terme der Ungleichung
mit x+1, so ist das Ungleichungszeichen umzukehren:

$\dfrac{5x}{x + 1} \leq 4 \qquad |\cdot(x + 1)$

$5x > 4(x + 1)$

$5x \geq 4x + 4$

$x \geq 4$

Von denjenigen Zahlen, die kleiner als -1 sind, sind diejenigen Lösungselemente der vorgegebenen Ungleichung, welche
größer oder gleich 4 sind. Zahlen, welche gleichzeitig beide
Bedingungen erfüllen, gibt es keine. Also ist die zweite Lösungsmenge L_2 die leere Menge: $L_2 = \emptyset$.

Gesamtlösungsmenge der Ungleichung:

$L = L_1 \cup L_2 = \{x|\ -1 < x \leq 4\}$.

Wir veranschaulichen die Lösungsmenge L:

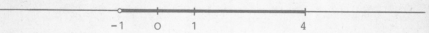

Anmerkung:

Aus den beiden letzten Musteraufgaben wird besonders deutlich,
daß beim Lösen von Ungleichungen die graphische Darstellung
der Lösungsmengen die Übersichtlichkeit wesentlich erhöht.

**Grundmenge sei die Menge Ǫ. Bestimme in den folgenden Aufga-
ben jeweils die Lösungsmenge. Verwende zur Veranschaulichung
den Zahlenstrahl.**

[1196] $\dfrac{3}{x} \geq 2$ [1197] $\dfrac{4}{x} \leq -3$

[1198] $\dfrac{3x}{x-1} \geq 2$ [1199] $\dfrac{2x}{x+1} \geq 1$

[1200] $\dfrac{x}{x+1} > 1$ [1201] $\dfrac{x}{x-1} \geq 1$

[1202] $\dfrac{3x}{x+2} + 2 \leq 0$ *[1203] $\dfrac{2x-1}{2-x} \leq 1$

*[1204] $\dfrac{x-8}{x-3} \geq 4$ *[1205] $\dfrac{x+2}{x} < \dfrac{x}{x-2}$

8   GLEICHUNGSSYSTEME
8.1   GERADEN IM KOORDINATENSYSTEM

98. MUSTERAUFGABE:

Durch die Gleichung $3x - 2y - 5 = 0$ wird eine Gerade g gegeben.

Wir schreiben: g: $3x - 2y - 5 = 0$. $y = 1,5 \, x - 2,5$ (1)

a) Bringe die Geradengleichung auf die "Hauptform" $y = mx + t$.
   Gib die Koordinaten des Schnittpunktes mit der y-Achse und
   die Steigung der Geraden an.
   Zeichne die Gerade in ein Koordinatensystem.

b) Berechne die y-Koordinaten (Ordinaten) der Punkte $A(-1/y_A)$,
   $B(0/y_B)$, $C(1/y_C)$, $D(2/y_D)$ und $E(3/y_E)$. $y = 1,5 \cdot 1 - 2,5$
   Trage diese Punkte in die Zeichnung ein.
   Drücke die Differenzen $y_C - y_B$, $y_E - y_B$ und $y_E - y_A$ mit Hilfe
   der Steigung der Geraden g aus.

c) Entscheide, ob die Punkte $P(237/354)$ und $Q(-117/-178)$
   Punkte der Geraden g sind. $y = 1,5 \cdot (-117) + 2,5$

Lösung:

a) g: $3x - 2y - 5 = 0$

   g: $-2y = -3x + 5$

   g: $y = 1,5x - 2,5$ (Hauptform der Geradengleichung)

   Der Punkt $S_y(x_S/y_S)$ liegt auf der y-Achse, wenn "$x_S = 0$"
   wahr ist.

   Der Punkt $S_y(x_S/y_S)$ liegt auf der Geraden g: $y = 1,5x - 2,5$, wenn die Aussage "$y_S = 1{,}5x_S - 2{,}5$" wahr ist.

Für $x_S = 0$ ergibt sich $y_S = 1{,}5 \cdot 0 - 2{,}5 = -2{,}5$.

Der Punkt $S_y(0/-2{,}5)$ liegt gleichzeitig auf der y-Achse und auf g, ist also der Schnittpunkt der y-Achse mit g.

Die Steigung der Geraden g wird aus der Hauptform der Geradengleichung als Vorzahl der Variablen x abgelesen: $m = 1{,}5$.

b) $A(x_A/y_A)$ liegt auf

g: $y = 1{,}5x - 2{,}5$,

wenn die Aussage

"$y_A = 1{,}5x_A - 2{,}5$"

wahr ist.

Mit $x_A = -1$ ergibt sich

$y_A = 1{,}5(-1) - 2{,}5 = -4$,

also $A(-1/-4)$.

Analog erhält man:

$B(0/-2{,}5)$, $C(1/-1)$, $D(2/0{,}5)$

und $E(3/2)$.

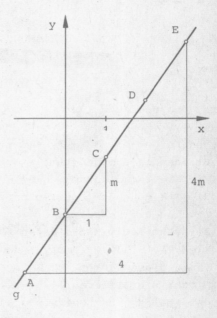

$x_C - x_B = 1 - 0 = 1$

und

$y_C - y_B = 1 \cdot m = 1{,}5$.

$x_E - x_B = 3 - 0 = 3$

und

$y_E - y_B = 3m = 4{,}5$.

$x_E - x_A = 3 - (-1) = 4$

und

$y_E - y_A = 4m = 6$.

c) $P(x_P/y_P)$ ist dann und nur dann ein Punkt der Geraden

g: $y = 1{,}5x - 2{,}5$, wenn die Aussage "$y_P = 1{,}5x_P - 2{,}5$" wahr ist. Man rechnet $1{,}5 \cdot 237 - 2{,}5 = 353 \neq 354$. Daher ist die Aussage "$354 = 1{,}5 \cdot 237 - 2{,}5$" falsch und somit $P(237/354)$ kein Punkt der Geraden g.

Da die Aussage "$-178 = 1{,}5 \cdot (-117) - 2{,}5$" wahr ist, ist $Q(-117/-178)$ ein Punkt der Geraden g.

[1206] Gegeben ist die Gerade g: $6y + 7x - 8 = 0$.

a) Ermittle die Punkte $P(-4/y_P)$ und $Q(2/y_Q)$ von g.
   Zeichne g in ein Koordinatensystem. $6y + 7(-4) - 8$
   $y = -6$

b) Ermittle die Koordinaten des Schnittpunktes von g
   mit der y-Achse und die Steigung von g.
   Überprüfe mit diesen Ergebnissen die Zeichnung.

c) Entscheide, ob die Punkte $R(-124/146)$ und $T(72/-83)$
   auf g liegen.

[1207] Gegeben sind Geradengleichungen.
Zeichne die zugehörigen Geraden in ein gemeinsames
Koordinatensystem.

a: $2x - y - 5 = 0$ b: $x + 2y - 10 = 0$

c: $3x + y + 5 = 0$ d: $4x + 3y - 5 = 0$

e: $-x + 3y - 5 = 0$

[1208] Gegeben sind Geradengleichungen.
Zeichne die zugehörigen Geraden in ein gemeinsames
Koordinatensystem.

a: $9x + 4y - 42 = 0$ b: $3x - y = 0$

c: $y + 3 = 0$ d: $x + 3y + 3 = 0$

e: $x - 2 = 0$ f: $4x - 9y - 23 = 0$

[1209] Gegeben sind Geradengleichungen.
Zeichne die zugehörigen Geraden in ein gemeinsames
Koordinatensystem.

a: $2x - y - 4 = 0$ b: $7x - 5y - 8 = 0$

c: $x - y = 0$ d: $5x - 7y + 8 = 0$

e: $x - 2y + 4 = 0$ f: $x + y + 4 = 0$

[1210] a) Zeichne die folgenden Geraden in ein gemeinsames
   Koordinatensystem ein:
   Die Gerade a durch die Punkte $B(2/-4)$ und $C(4/4)$,
   die Gerade b: $x = 2y - 4$,
   die Gerade c: $5x + 4y + 6 = 0$,
   die Senkrechte d zu b durch B,
   die Gerade e: $x + 2 = 0$,
   die Parallele f zur x-Achse durch C.

b) Lies aus der Zeichnung die Koordinaten des Schnittpunktes A von b und c sowie des Schnittpunktes D
   von e und f ab.

c) Miß in der Zeichnung geeignete Streckenlängen, um
   damit Gleichungen der Gerade a, d und f anzugeben.

[1211] Gegeben sind zwei Geraden: g: $x + y - 4 = 0$

$$\text{und}$$

$$h: x - y - 1 = 0.$$

a) Zeichne beide Geraden in ein gemeinsames Koordinatensystem.
   Entnimm der Zeichnung die Koordinaten des Schnittpunktes S der beiden Geraden g und h.

b) Jede der beiden Geraden läßt sich als graphische
   Darstellung einer Lösungsmenge auffassen.
   Welche Aufgabe wird durch die Angabe der Koordina-
   ten von S gelöst?

*[1212] a) Vorgegeben ist die Aussageform $y - 2x - b = 0$.
   Setzt man für b eine feste Zahl ein, so erhält man
   eine Geradengleichung.
   Beschreibe in Worten die Menge M_1 aller Geraden
   g_b: $y - 2x - b = 0$ mit $b \in \mathbb{Q}$.
   Gibt es unter den Geraden der Menge M_1 auch eine,
   welche durch den Punkt $P(1/2)$ geht?

b) Beschreibe in Worten die Menge M_2 aller Geraden
   h_m: $2y - mx - 5 = 0$ mit $m \in \mathbb{Q}$.

c) Welche Gerade ist Element von M_1 und von M_2?

99. MUSTERAUFGABE:

Ermittle alle zweistelligen Zahlen, die viermal so groß sind
wie ihre Quersumme.

Lösung:

Variable für die Zehnerziffer einer solchen Zahl sei x,
Variable für die Einerziffer einer solchen Zahl sei y.
Die Quersumme berechnet man dann als $x + y$.
Die Zahl läßt sich somit als $10x + y$ darstellen.

Daß x + y viermal so groß wie 10x + y sein soll, führt auf
die Gleichung 4(x + y) = 10x + y.
Wir formen um: 4x + 4y = 10x + y

$$y = 2x.$$

Gesucht sind alle Belegungen der Variablen x und y, bei denen eine wahre Aussage entsteht. Bei der vorliegenden Frage-
stellung kann x nur mit Elementen der Menge {1;2;3;4;5;6;7;8;9}
und y nur mit Elementen der Menge {0;1;2;3;4;5;6;7;8;9} belegt werden.
Eine wahre Aussage kann nur dann entstehen, wenn y mit einer
geraden Zahl belegt wird. Es ergibt sich die Lösungsmenge
L = {(1;2), (2;4), (3;6), (4;8)}.
Nur die Zahlen 12, 24, 36 und 48
haben die beschriebene Eigenschaft.

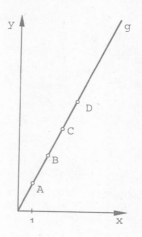

Anmerkung:
Jedes Lösungselement $(x_0;y_0)$ der
Gleichung y = 2x kann als Koordi-
natenpaar eines Punktes $P(x_0/y_0)$
aufgefaßt werden. Jedes Lösungselement führt so zu einem Punkt
der Geraden g: y = 2x. Verlangt
ist dann, diejenigen Punkte von
g zu ermitteln, deren Koordinaten
natürliche Zahlen zwischen 1 und
9 sind. Es gibt vier solche Punkte:
A(1/2), B(2/4), C(3/6) und D(4/8).

[1213] Ein Brief muß mit 2,80 DM frankiert werden. Es stehen
Marken zu 40 Pf und 60 Pf zur Verfügung.
Beschreibe die Situation durch einen Term in zwei
Variablen und veranschauliche im Koordinatensystem.
Wie viele Marken jeder Sorte können verwendet werden?

[1214] Ermittle alle Punkte P(x/y) der Geraden g: 3x − 5y + 4 = 0,
welche ganzzahlige Koordinaten mit −10 ≤ x ≤ 10 haben.

[1215] Ermittle alle zweistelligen Zahlen, die um 6 kleiner
als das Siebenfache ihrer Quersumme sind.

8.2.1   RECHNERISCHE BEHANDLUNG LINEARER SYSTEME

Anmerkung:

Vorgegeben sind im allgemeinen zwei Gleichungen mit zwei Variablen. Stets wird versucht, das Lösen dieser zwei Gleichungen mit zwei Variablen auf das Lösen einer Gleichung mit einer Variablen zurückzuführen. Dazu sagt man, eine der Variablen wird eliminiert.

100. MUSTERAUFGABE:

Gegeben ist das Gleichungssystem

$2x + 3y = 12$

$3x + 2y = 13$

bezüglich der Grundmenge $\mathbb{Q} \times \mathbb{Q}$.

Bestimme die Lösungsmenge nach dem Einsetzungsverfahren (nach der Substitutionsmethode).

Führe die Probe durch.

Lösung:

$2x + 3y = 12 \qquad (1)$

$3x + 2y = 13 \qquad (2)$

Beim Einsetzungsverfahren löst man zunächst eine der beiden Gleichungen nach einer der beiden Variablen auf.

$(1): 2x = 12 - 3y$

$$x = 6 - \frac{3}{2}y \qquad (3)$$

(3) in (2): $3(6 - \frac{3}{2}y) + 2y = 13 \qquad (4)$

Da x eliminiert wurde, enthält Gleichung (4) nur noch die Variable y.

$(4): 18 - \frac{9}{2}y + 2y = 13$

$$-\frac{5}{2}y = -5$$

$$y = 2 \qquad (5)$$

(5) in (3): $x = 6 - \frac{3}{2} \cdot 2$

$$x = 3$$

Die Probe muß für beide Gleichungen durchgeführt werden.

Probe für Gleichung (1):

$T_1((3;2)) = 2 \cdot 3 + 3 \cdot 2 = 6 + 6 = 12,$

$T_r((3;2)) = 12.$

(3;2) ist ein Lösungselement der ersten Gleichung.

Probe für Gleichung (2):

$T_1((3;2)) = 3 \cdot 3 + 2 \cdot 2 = 9 + 4 = 13,$

$T_r((3;2)) = 13.$

(3;2) ist ein Lösungselement der zweiten Gleichung.

Insgesamt ist das geordnete Zahlenpaar (3;2) als ein Lösungselement sowohl der ersten als auch der zweiten Gleichung erkannt. Das heißt, das geordnete Zahlenpaar (3;2) ist ein Lösungselement des Gleichungssystems.

$L = \{(3;2)\}.$

Anmerkung:

Zunächst wird eine Gleichung nach einer Variablen so aufgelöst, daß man mit einem möglichst geringen Rechenaufwand zum Ziel gelangt. In unserem Fall hätten wir auch Gleichung (2) nach y auflösen können:

$2x + 3y = 12 \qquad (1)$

$3x + 2y = 13 \qquad (2)$

$(2): 2y = -3x + 13$

$$y = -\frac{3}{2}x + \frac{13}{2} \qquad (6)$$

(6) in (1): $2x + 3(-\frac{3}{2}x + \frac{13}{2}) = 12$

$$-\frac{5}{2}x = -\frac{15}{2}$$

$$x = 3 \qquad (7)$$

(7) in (6): $y = -\frac{3}{2} \cdot 3 + \frac{13}{2}$

$$y = 2$$

Lösungsmenge: $L = \{(3;2)\}.$

Grundmenge sei die Menge $\mathbb{Q} \times \mathbb{Q}$. Bestimme in den folgenden Aufgaben die Lösungsmengen nach dem Einsetzungsverfahren. Führe ab und zu die Probe durch.

[1216] $x + y = 9$
$x - y = 5$

[1217] $x + y = 9$
$-x + y = 3$

[1218] $x - 2y = 8$
$7x + 5y = -1$

[1219] $3x + 7y = 15$
$4x + y = -5$

[1220] $12x + 3y = 3$
$x = 2y + 7$

[1221] $y = 3x + 2$
$5x - 2y + 2 = 0$

[1222] $2x + 5y = 31$
$7x - 3y = 47$

[1223] $y = 2x + 19$
$x = 2y - 14$

[1224] $2x - 5y = 10$
$3x + y = 32$

[1225] $6x + 5y = 47$
$3x - 2y = 73$

[1226] $5x + 4y = 2323$
$9x - 8y = 1111$

[1227] $9x - 2y - 1332 = 0$
$2x + 3y - 1443 = 0$

[1228] $3x + 7y = 5$
$x - 2y = -0{,}5$

[1229] $11x - 3y = 2$
$-1{,}25x + y = 9$

[1230] $4x + 7y = 2$
$x - 2y = 0$

[1231] $21x + 25y = 29$
$6x + 5y = 7$

[1232] $21x - 17y = 6{,}67$
$38x - 31y = 11{,}96$

[1233] $16x + 21y = 51{,}162$
$47x - 18y = 2{,}229$

[1234] $\frac{1}{2}x - \frac{1}{3}y = 1$
$\frac{1}{4}x - \frac{4}{3}y = -10$

[1235] $2x + \frac{5}{2}y = -9\frac{1}{2}$
$\frac{1}{2}x + \frac{1}{4}y = -\frac{1}{2}$

101. MUSTERAUFGABE:

Gegeben ist das Gleichungsystem

$7x + 2y = 3$
$13x + 3y = 2$

bezüglich der Grundmenge $\mathbb{Q} \times \mathbb{Q}$.

Bestimme die Lösungsmenge mit Hilfe des Gleichsetzungsverfahrens.

Lösung:

$7x + 2y = 3$ (1)

$13x + 3y = 2$ (2)

Beim Gleichsetzungsverfahren werden zunächst beide Gleichungen jeweils nach der gleichen Variable aufgelöst; wir lösen nach der Variablen y auf:

(1): $2y = 3 - 7x$ (2): $3y = 2 - 13x$

$y = \frac{3}{2} - \frac{7}{2}x$ (3) $y = \frac{2}{3} - \frac{13}{3}x$ (4)

"(2) = (3)": $\frac{3}{2} - \frac{7}{2}x = \frac{2}{3} - \frac{13}{3}x$ (5)

Da y eliminiert wurde, enthält Gleichung (5) nur noch die Variable x.

(5): $\frac{3}{2} - \frac{7}{2}x = \frac{2}{3} - \frac{13}{3}x$ $| \cdot 6$

     $9 - 21x = 4 - 26x$

           $x = -1$ (6)

(6) in (3) oder (6) in (4):

(6) in (3): $y = \frac{3}{2} - \frac{7}{2}(-1)$ (6) in (4): $y = \frac{2}{3} - \frac{13}{3}(-1)$

           $y = 5$ $y = 5$

Insgesamt ergibt sich die Lösungsmenge $L = \{(-1;5)\}$.

Anmerkung:

Beim Gleichsetzungsverfahren werden beide Gleichungen zunächst nach der gleichen Variablen aufgelöst. Die Auswahl dieser Variablen geschieht so, daß ein möglichst geringer Rechenaufwand erforderlich wird. In unserem Fall führt die Auflösung nach der Variablen x zu einer schwierigeren Rechnung.

 $7x + 2y = 3$ (1)

$13x + 3y = 2$ (2)

(1): $7x = 3 - 2y$ (2): $13x = 2 - 3y$

$x = \frac{3}{7} - \frac{2}{7}y$ (7) $x = \frac{2}{13} - \frac{3}{13}y$ (8)

"(7) = (8)": $\frac{3}{7} - \frac{2}{7}y = \frac{2}{13} - \frac{3}{13}y$ $| \cdot 91$

         $39 - 26y = 14 - 21y$

              $y = 5$ (9)

(9) in (7) oder (9) in (8):

(9) in (7): $x = \frac{3}{7} - \frac{2}{7} \cdot 5$ (9) in (8): $x = \frac{2}{13} - \frac{3}{13} \cdot 5$

          $x = -1$ $x = -1$

Lösungsmenge: $L = \{(-1;5)\}$.

Grundmenge sei die Menge $\mathbb{Q} \times \mathbb{Q}$. Bestimme in den folgenden Aufgaben die Lösungsmengen nach dem Gleichsetzungsverfahren.

[1236] $x + y = 56$
$x - y = -72$

[1237] $x + y = 410$
$y - x = 210$

[1238] $7x - 8y + 37 = 0$
$7x + 8y + 5 = 0$

[1239] $2x - 3y = 25$
$3x + 3y = 15$

[1240] $2x + 3y = 1419$
$9x - 2y = 1317$

[1241] $5x + 8y = 6$
$-5x + 6y = 1$

[1242] $1,2x = 25 - 4y$
$2y = -4x + 55$

[1243] $12x - 10y = 31$
$-10x + 16y = 47$

[1244] $1,5x - 5y = 9$
$-3x - 8y = 9$

[1245] $4x + 7,5y + 1,5 = 0$
$2x - 1,5y - 1 = 0$

102. MUSTERAUFGABE:

Gegeben ist das Gleichungssystem

$2x + 4y = 6$
$3x - 5y = 20$

bezüglich der Grundmenge $\mathbb{Q} \times \mathbb{Q}$.

Bestimme die Lösungsmenge mit Hilfe des Additionsverfahrens.

Lösung:

Hier werden zunächst die beiden Terme jeder Gleichung jeweils so multipliziert, daß in den neuen Gleichungen die Vorzahlen (Koeffizienten) einer der beiden Variablen bis auf das Vorzeichen übereinstimmen.

1. Lösungsweg:

$2x + 4y = 6$ (1)
$3x - 5y = 20$ (2)
$2x + 4y = 6$ $| \cdot 3$
$3x - 5y = 20$ $| \cdot (-2)$
$6x + 12y = 18$ (1')
$-6x + 10y = -40$ (2')

"(1)' + (2)'":

$\begin{array}{r} 6x + 12y = 18 \\ -6x + 10y = -40 \end{array} \Big| +$
$22y = -22$ (3)

2. Lösungsweg:

$2x + 4y = 6$ (5)
$3x - 5y = 20$ (6)
$2x + 4y = 6$ $| \cdot 5$
$3x - 5y = 20$ $| \cdot 4$
$10x + 20y = 30$ (5')
$12x - 20y = 80$ (6')

"(5') + (6')":

$\begin{array}{r} 10x + 20y = 30 \\ 12x - 20y = 80 \end{array} \Big| +$
$22x = 110$ (7)

Durch Addition der beiden linken sowie der beiden rechten
Terme entsteht jeweils eine Gleichung, die nur noch eine der
beiden Variablen enthält.

Die Variable x wurde eli-
miniert.

$y = -1$ (3')

(3') in (1) oder (3') in (2),
(3') in (1):

$2x + 4 \cdot (-1) = 6$

$x = 5$ (4)

Gleichung (4) kann auch wie
im ersten Schritt des 2. Lö-
sungsweges gewonnen werden.

$L = \{(5; -1)\}$

Die Variable y wurde eli-
miniert.

$x = 5$ (7')

(7') in (5) oder (7') in (6),
(7') in (5):

$2 \cdot 5 + 4y = 6$

$y = -1$ (8)

Gleichung (8) kann auch wie
im ersten Schritt des 1. Lö-
sungsweges gewonnen werden.

$L = \{(5; -1)\}$

Grundmenge sei die Menge $\mathbb{Q} \times \mathbb{Q}$. Bestimme in den folgenden
Aufgaben die Lösungsmengen nach dem Additionsverfahren.

[1246] $x + y = -41$
$x - y = 11$

[1247] $x - y = 1200$
$x + y = -3000$

[1248] $2x - 3y + 13 = 0$
$5x + 2y + 4 = 0$

[1249] $2x + 3y = 21$
$3x + 2y = 19$

[1250] $3x - y - 65 = 0$
$x - 3y - 59 = 0$

[1251] $3x + 4y + 36 = 0$
$4x - 3y + 23 = 0$

[1252] $2x - 3y = 33$
$15x + 2y = -22$

[1253] $8x - 7y = 48$
$3x + 2y = 18$

[1254] $10x + 30y = 4$
$30x + 10y = 4$

[1255] $30x + 50y = 21$
$40x + 30y = 17$

[1256] $8x + 7y - 36 = 0$
$3x - 2y - 69 = 0$

[1257] $2x - 9y - 25 = 0$
$-3x - 11y + 13 = 0$

[1258] $3x + y = 1000$
$x + 7y = 1000$

[1259] $7x + 3y = 363$
$2x + 5y = 286$

[1260] $0,9x + 0,2y = 2,9$
$4,6x - 8,1y = 5,7$

[1261] $4,1x - 1,2y = 10,6$
$3,9x + 2,1y = 3,6$

[1262] $8,8x + 1,8y = 14,2$
$9,4x - 2,1y = 3,1$

[1263] $9x + 10y = 5$
$12x - 5y = 3$

[1264] $3x = 2 - 6y$
$\quad\quad\quad 2x = 1 - 5y$

[1265] $4x + 3y + 4 = 0$
$\quad\quad\quad 6x + 5y + 7 = 0$

[1266] $\frac{1}{2}x - \frac{5}{3}y = 11$
$\quad\quad\quad 5x + \frac{1}{2}y = 7$

[1267] $\frac{2}{3}x + \frac{3}{5}y = 17$
$\quad\quad\quad \frac{3}{4}x + \frac{2}{3}y = 19$

[1268] $6\frac{2}{3}x - 2\frac{1}{2}y = 15$
$\quad\quad\quad 5\frac{1}{2}x - 1\frac{2}{5}y = 19$

[1269] $2\frac{1}{4}x - 3\frac{1}{3}y = 4$
$\quad\quad\quad 3\frac{1}{3}x - 2\frac{1}{5}y = 47$

[1270] $196x - 192y = 19$
$\quad\quad\quad 212x - 129y = 73$

103. MUSTERAUFGABE:

Grundmenge sei die Menge $\mathbb{Q} \times \mathbb{Q}$. Bestimme die Lösungsmenge des folgenden Gleichungssystems.

$(3x + 11)(2y - 3) - (6x + 20)(y - 1) = y$
$(2x + 6)(4y - 6) - (2x + 7)(4y - 13) = x$

Lösung:

$(3x + 11)(2y - 3) - (6x + 20)(y - 1) = y$ $\quad\quad\quad$ (1)
$(2x + 6)(4y - 6) - (2x + 7)(4y - 13) = x$ $\quad\quad\quad$ (2)

Wir multiplizieren die Klammern aus und fassen zusammen:

$6xy - 9x + 22y - 33 - (6xy - 6x + 20y - 20) = y$
$8xy - 12x + 24y - 36 - (8xy - 26x + 28y - 91) = x$
$6xy - 9x + 22y - 33 - 6xy + 6x - 20y + 20 = y$
$8xy - 12x + 24y - 36 - 8xy + 26x - 28y + 91 = x$
$-3x + y = 13$ $\quad\quad\quad\quad\quad\quad\quad\quad\quad\quad\quad\quad\quad$ (1')
$13x - 4y = -55$ $\quad\quad\quad\quad\quad\quad\quad\quad\quad\quad\quad\quad\quad$ (2')

(1') und (2') bilden ein lineares Gleichungssystem. Wir ermitteln die Lösungsmenge nach dem Additionsverfahren. Nach Multiplikation von (1') mit 4 folgt

$$\begin{array}{ll} -12x + 4y = 52 \Big|_{} + & \quad (1'') \\ \underline{13x - 4y = -55\Big|} & \quad (2') \\ x \quad\quad = -3 & \quad (3) \end{array}$$

(3) in (1'): $(-3)\cdot(-3) + y = 13$
$\quad\quad\quad\quad\quad\quad\quad\quad\quad y = 4$

Lösungsmenge: $L = \{(-3; 4)\}$.

Grundmenge sie die $\mathbb{Q} \times \mathbb{Q}$. Bestimme in den folgenden Aufgaben die Lösungsmengen der Gleichungssysteme nach einem beliebigen Verfahren.

[1271] $4(x + 2) = 1 - 5y$
$3(y + 2) = 3 - 2x$

[1272] $\frac{1}{2}x - \frac{1}{3}(y + 1) = 1\frac{1}{2}$
$\frac{1}{3}(x - 1) - \frac{1}{2}y = 4\frac{1}{2}$

[1273] $4(x + 4) - 2(y - 1) = 30$
$5(x + 7) - 3(y + 2) = 43$

[1274] $3(2x - y) + 4(x - 2y) = 87$
$2(3x - y) - 3(x - y) = 82$

[1275] $6(x + 2) + 8(y - 2) = 3(y - 2)$
$3(x + 6) + 7(y - 1) = 7(1 - x)$

[1276] $(6x + 1)(10y - 4) = 15x(4y - 1)$
$(5x - 4)(6y + 1) = 10y(3x - 2)$

[1277] $(x - 2)(y + 1) - (x - 4)(y - 3) = 24$
$(x + 3)(y - 4) - (x - 6)(y + 2) = 3$

[1278] $(x - 4)(y + 7) - (x - 3)(y + 4) = 6$
$(x + 5)(y - 2) + (x + 2)(2 - y) = 9$

*[1279] $\frac{y - x}{3} - x = 15$
$y - \frac{x + y}{5} = 6$

*[1280] $\frac{x - 3}{2} + \frac{y - 4}{3} = 2$
$\frac{5x - 7}{6} - \frac{4y + 2}{15} = 1$

104. MUSTERAUFGABE:

Gegeben sei die Grundmenge $\mathbb{Q} \times \mathbb{Q} \times \mathbb{Q}$. Bestimme die Lösungsmenge des folgenden Gleichungssystems:

$5x + 2y - z = 3$
$8x + 3y + 5z = 30$
$-3x + y - 2z = 1$

Lösung:

$5x + 2y - z = 3$ (1)
$8x + 3y + 5z = 30$ (2)
$-3x + y - 2z = 1$ (3)

Aus diesem System mit drei Gleichungen und drei Variablen gewinnt man zunächst ein System mit zwei Gleichungen und zwei

Variablen in der Weise, daß man nach dem Additionsverfahren
aus jeweils zwei Gleichungen die gleiche Variable eliminiert.
Vergleicht man die Koeffizienten der drei Variablen x, y und
z, so stellt man fest, daß sich die Variable y mit den einfachen Koeffizienten 1, 2 und 3 im Gegensatz zu x (5, 8 und -3)
und z (-1, 5 und -2) besonders gut eignet.

$$5x + 2y - z = 3 \qquad (1) \qquad\qquad 8x + 3y + 5z = 30 \qquad (2)$$
$$\underline{6x - 2y + 4z = -2} \quad (3') \qquad \underline{9x - 3y + 6z = -3} \qquad (3'')$$
$$11x \quad + 3z = 1 \qquad (4) \qquad\qquad 17x \quad + 11z = 27 \qquad (5)$$

Aus (1) und (2) kann man analog die Gleichung

$$x + 13z = 51 \qquad (6)$$

gewinnen.

Wie lösen nun das Gleichungssystem

$$11x + 3z = 1 \qquad (4)$$
$$17x + 11z = 27 \qquad (5),$$

das nur noch die beiden Variablen x und z enthält.

$$121x + 33z = 11 \qquad (4')$$
$$\underline{-51x - 33z = -81} \qquad (5')$$
$$70x \qquad = -70 \qquad (7)$$

Aus dem Gleichungssystem mit den Gleichungen (4) und (5)
wurde die Variable z eliminiert. Danach ergibt sich die
Gleichung

$$x = -1 \qquad (7'),$$

die nur noch die Variable x enthält.

Mit (7') gehen wir in die Gleichungen (4) oder (5); wir entscheiden uns für (4):

$$-11 + 3z = 1,$$
$$z = 4. \qquad (8)$$

Mit (7') und (8) gehen wir in die Gleichungen (1) oder (2)
oder (3), wir entscheiden uns für (3):

$$(-3)(-1) + y - 2 \cdot 4 = 1,$$
$$y = 6. \qquad (9)$$

Insgesamt wurde das vorgelegte Gleichungsystem mit den Gleichungen (1), (2) und (3) in das zu ihm äquivalente Gleichungs-

system

$x = -1$ (7')

$y = 6$ (9)

$z = 4$ (8)

mit den drei Variablen x, y und z übergeführt. Aus diesem aber kann die Lösungsmenge direkt abgelesen werden:
Lösungsmenge: $L = \{(-1; 6; 4)\}$.

Grundmenge sei die Menge $\mathbb{Q} \times \mathbb{Q} \times \mathbb{Q}$.
Bestimme in den folgenden Aufgaben jeweils die Lösungsmengen der Gleichungssysteme.

[1281]
$$x - y + z = 6$$
$$x - 2y + 3z = 10$$
$$2x - 3y - 4z = 8$$

[1282]
$$x + y - z = 17$$
$$x - y + z = 13$$
$$2x + y - 3z = 12$$

[1283]
$$x = 45 - 2y - 3z$$
$$y = 41 - 2z - 3x$$
$$z = 46 - 2x - 3y$$

[1284]
$$x = 24 - y - z$$
$$y = 6 + 3x - z$$
$$z = x + y$$

[1285]
$$3x - y + 4z = 12$$
$$x - y + z = 4$$
$$6x - 4y + 5z = 20$$

[1286]
$$x + y - z + 3 = 0$$
$$2x - y + 2z + 15 = 0$$
$$3x + 2y - 3z + 4 = 0$$

[1287]
$$2x + 3y + z = 17$$
$$x - 2y + 3z = 8$$
$$3x + y - 2z = 1$$

[1288]
$$2x - 4y + 9z = 28$$
$$7x + 9y - 9z = 5$$
$$7x + 3y - 6z = -1$$

Grundmenge sei die Menge $\mathbb{Q} \times \mathbb{Q} \times \mathbb{Q} \times \mathbb{Q}$.
Bestimme in den folgenden Aufgaben jeweils die Lösungsmengen der Gleichungssysteme.

*[1289]
$$u + x + y + z = 0$$
$$x + y + z = 2$$
$$u + y + z = 1$$
$$u + x + z = -1$$
Führe bei dieser Aufgabe die Probe durch.

*[1290]
$$2u + x + y - z = 12$$
$$u + 2x + 3y + 4z = 20$$
$$u - 2x - y + 4z = 0$$
$$3u + x - y - 2z = 11$$
Führe bei dieser Aufgabe die Probe durch.

105. MUSTERAUFGABE:

Bezüglich der Grundmenge $\mathbb{Q} \times \mathbb{Q}$ ist das lineare Gleichungssystem

2x - y = 5
2x + 4y = 15

gegeben.

Ermittle die Lösungsmenge dieses Systems zunächst zeichnerisch
(graphisch) und führe anschließend die rechnerische Probe
durch.

Lösung:

2x - y = 5   (1)
2x + 4y = 15   (2)

Gleichung (1) kann als Gleichung einer Geraden g im Koordinatensystem aufgefaßt werden.

g: 2x - y = 5
g: y = 2x - 5

Analog kann Gleichung (2) als Gleichung einer Geraden h im
Koordinatensystem aufgefaßt werden.

h: 2x + 4y = 15
h: 4y = -2x + 15

h: $y = -\frac{1}{2}x + \frac{15}{4}$

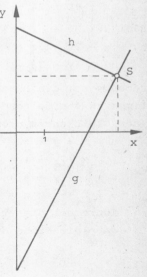

Ist $P(x_P/y_P)$ ein Punkt von g, so ist
das geordnete Zahlenpaar $(x_P; y_P)$ ein
Lösungselement der Gleichung (1).

Ist $Q(x_Q/y_Q)$ ein Punkt von h, so ist
das geordnete Zahlenpaar $(x_Q; y_Q)$ ein
Lösungselement der Gleichung (2).

Ist $S(x_O/y_O)$ der Schnittpunkt von g
und h, also ein Punkt von g und zu-
gleich ein Punkt von h, so ist das
geordnete Zahlenpaar $(x_O; y_O)$ ein Lösungselement des Gleichungssystems
"Gleichung (1) und Gleichung (2)".

Wir zeichnen die Geraden g und h in ein Koordinatensystem
ein und messen die Koordinaten des Schnittpunktes $S(3,5/2,0)$.
Probe für Gleichung (1):
$T_l((3,5;2)) = 2 \cdot 3,5 - 2 = 7 - 2 = 5,$
$T_r((3,5;2)) = 5.$
$(3,5;2)$ ist ein Lösungselement von Gleichung (1).
Probe für Gleichung (2):
$T_l((3,5;2)) = 2 \cdot 3,5 + 4 \cdot 2 = 7 + 8 = 15,$
$T_r((3,5;2)) = 15.$
$(3,5;2)$ ist ein Lösungselement von Gleichung (2).
Insgesamt ist $(3,5;2)$ ein Lösungselement des Gleichungssystems.
Lösungsmenge: $L = \{(3,5;2)\}$.

Grundmenge sei die Menge $\mathbb{Q} \times \mathbb{Q}$. Bestimme in den folgenden
Aufgaben die Lösungsmengen zeichnerisch.
Führe anschließend die rechnerische Probe durch.

[1291] $x + y = 4$ [1292] $3x + 2y = 9$
$x - y = 2$ $2x - 2y = 1$
[1293] $4x + 7y = 0$ [1294] $20x + 10y = -37$
$8x + 7y = 14$ $x + 2y = 1$
[1295] $-15x + 10y = 51$ [1296] $3x + 10y = 30$
$-5x + 10y = 17$ $7x - 10y = 10$

106. MUSTERAUFGABE:

Bezüglich der Grundmenge $\mathbb{Q} \times \mathbb{Q}$ ist das folgende Gleichungssystem
$26x - 10y = 30$
$9x + 10y = 20$
gegeben.
Ermittle die Lösungsmenge dieses Systems zunächst zeichnerisch
und führe anschließend die rechnerische Probe durch.
Lösung:
Wir zeichnen die Geraden
$g: 26x - 10y = 30$, $g: y = 2,6x - 3$

und

h: $9x + 10y = 20$, h: $y = -0{,}9x + 2$

in ein gemeinsames Koordinatensystem mit nicht zu kleiner
Einheit ein.

Wir messen die Koordinaten des Schnittpunktes
$S(1{,}45/0{,}70)$.

Probe für Gleichung (1):

$T_l((1{,}45;0{,}70)) = 26 \cdot 1{,}45 - 10 \cdot 0{,}70$
$= 30{,}7,$

$T_r((1{,}45;0{,}70)) = 30.$

$(1{,}45;0{,}70)$ löst Gleichung (1) nur näherungsweise.

Bei zeichnerischen Verfahren muß gemessen
werden, dies kann nicht beliebig genau ge-
schehen.

Probe für Gleichung (2):

$T_l((1{,}45;0{,}70)) = 9 \cdot 1{,}45 + 10 \cdot 0{,}70$
$= 20{,}05,$

$T_r((1{,}45;0{,}70)) = 20.$

Auch Gleichung (2) wird durch $(1{,}45; 0{,}70)$
nur näherungsweise gelöst.

Insgesamt wird das vorgegebene Gleichungssystem durch das geordnete Zahlenpaar
$(1{,}45;0{,}70)$ nur näherungsweise gelöst:

$L = \{(\approx 1{,}45; \approx 0{,}70)\}$.

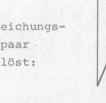

Anmerkung:

Das exakte Lösungselement $(1\tfrac{3}{7}; \tfrac{5}{7})$ kann zeichnerisch nicht
genau ermittelt werden.

Grundmenge sei die Menge $\mathbb{Q} \times \mathbb{Q}$. Bestimme in den folgenden
Aufgaben die Lösungsmengen zeichnerisch.

Führe anschließend die rechnerische Probe durch.

[1297] $x - y = 4$ [1298] $2x - 2y = 4$
$2x + y = 3$ $x + 2y = 6$

[1299] $x + 4y = -4$ [1300] $2x - 3y + 4 = 0$
$4x + 3y = 6$ $x + 2y + 4 = 0$

107. MUSTERAUFGABE:

Grundmenge sei die Menge $Q \times Q$. Bestimme jeweils die Lösungsmenge der folgenden Gleichungssysteme

a) $x - 2y = 2$ b) $x - 2y = 2$ c) $x - 2y = 2$

    $x + 2y = 6$ $-x + 2y = 2$ $-x + 2y = -2$

Veranschauliche die Ergebnisse im Koordinatensystem.

Lösung:

a) $x - 2y = 2$ (1) $x - 2y = 2$ (1)

    $\underline{x + 2y = 6}$ (2) $\underline{-x - 2y = -6}$ (2')

   $2x \quad\quad = 8$ $- 4y = -4$

               $L = \{(4;1)\}$

b) $x - 2y = 2$ (1)

   $\underline{-x + 2y = 2}$ (3)

        $0 = 4$ (I)

Durch Addition der beiden linken Terme und der beiden
rechten Terme ergibt sich die unerfüllbare Gleichung
(I): $0 = 4$. Jedes Lösungselement des Gleichungssystems
ist auch ein Lösungselement von Gleichung (I). Da diese
kein Lösungselement besitzt, kann auch das Gleichungssystem kein Lösungselement haben:

           $L = \emptyset$

c) $x - 2y = 2$ (1)

   $\underline{-x + 2y = -2}$ (4)

      $0 = 0$ (II)

Nun ergibt sich die allgemeingültige Gleichung "0 = 0".
Daraus darf aber nicht geschlossen werden, daß das vorliegende Gleichungssystem über der Grundmenge $Q \times Q$ allgemeingültig sei. Jedes Lösungselement des Gleichungssystems ist zwar auch ein Lösungselement der Gleichung
(II), das Umgekehrte muß aber keineswegs gelten!
Multipliziert man beide Terme von Gleichung (1) mit -1,
so ergibt sich Gleichung (4). Somit sind beide Gleichungen
(1) und (4) zueinander äquivalent. Jedes Lösungselement

der Gleichung (1) ist schon ein Lösungselement des vorgelegten Gleichungssystems "Gleichung (1) und Gleichung (4)". Die unendliche Lösungsmenge dieses Gleichungssystems kann man so angeben:

Man löst Gleichung (1) nach $y = \frac{1}{2}x - 1$ auf und schreibt

$L = \{(x;y) \mid y = \frac{1}{2}x - 1 \text{ und } x \in \mathbb{Q}\}$.

In den vorgegebenen drei Gleichungssystemen sind insgesamt vier verschiedene Gleichungen enthalten. Jede dieser Gleichungen kann als Gleichung einer Geraden aufgefaßt werden.

Bei Gleichung (1) und Gleichung (4) handelt sich sich um dieselbe Gerade

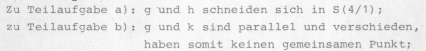

g: $y = \frac{1}{2}x - 1$.

Bei Gleichung (2) handelt es sich um

h: $y = -\frac{1}{2}x + 3$.

Bei Gleichung (3) handelt es sich um

(k): $y = \frac{1}{2}x + 1$.

Zu Teilaufgabe a): g und h schneiden sich in S(4/1);

zu Teilaufgabe b): g und k sind parallel und verschieden, haben somit keinen gemeinsamen Punkt;

zu Teilaufgabe c): Alle Punkte der Geraden g führen auf Lösungselemente.

Bestimme in den folgenden Aufgaben jeweils die Lösungsmenge des Gleichungssystems bezüglich der Grundmenge $\mathbb{Q} \times \mathbb{Q}$. Veranschauliche die Ergebnisse im Koordinatensystem.

[1301] $x + y = 1$
         $3x - 2y = -2$

[1302] $x - y = 3$
         $2x + y = 6$

[1303] $0,5x + y = 2$
         $2x + 4y = -4$

[1304] $3x - 4y + 2 = 0$
         $y = 0,75x + 0,5$

[1305] $3(x - 2) - 4(y - 3) = 7x$
         $2(x + 3y) - 4(y - 1) = 7$

[1306] $(3x + 1)(y - 1) - (x + 1)(3y - 1) = 2$
         $(x - 2)(y - 2) - (x + 2)(y + 2) = 4$

[1307] $(x + 2)(y - 3) - (x - 2)(y + 3) = 0$

$(x + 4)(y - 1) - (x - 4)(y + 1) = 0$

[1308] $(x - 1)(y + 3) - (x + 1)(y - 3) = 2$

$(x + 2)(y - 6) - (x - 2)(y + 6) = 4$

[1309] $2x + 2y = 13$ [1310] $9x - 9y = -8$

$x + 2y = 8$ $9x + 9y = 46$

$x - 2y = 2$ $10x + 5y = 36$

8.3   SYSTEME VON BRUCHGLEICHUNGEN

108. MUSTERAUFGABE:

Grundmenge sei die Menge $\mathbb{Q} \times \mathbb{Q}$. Bestimme die Lösungsmenge des Gleichungssystems

$$\frac{32}{x} - \frac{35}{y} = 9$$

$$\frac{48}{x} - \frac{21}{y} = 3$$

und führe anschließend die Probe durch.

Lösung:

$$\frac{32}{x} - \frac{35}{y} = 9 \qquad (1)$$

$$\frac{48}{x} - \frac{21}{y} = 3 \qquad (2)$$

Dieses Gleichungssystem läßt sich durch eine Substitution auf ein lineares Gleichungssystem zurückführen. Dabei führt man die neuen Variablen u und v ein, wobei gelten soll: $u = \frac{1}{x}$ und $v = \frac{1}{y}$.

Durch Einsetzen von u und v in Gleichung (1) und Gleichung (2) erhält man:

$32u - 35v = 9 \qquad (1')$

$48u - 21v = 3 \qquad (2')$

Wir verwenden zweimal das Additionsverfahren:

$96u - 105v = 27$ $(1'')$	$96u - 105v = 27$ $(1'')$
$-96u + 42v = -6$	$-240u + 105v = -15$ $(2''')$
$-63v = 21$	$-144u = 12$
$v = -\frac{1}{3}$ (3)	$u = -\frac{1}{12}$ (4)

(3) und (4):

$\frac{1}{x} = u = -\frac{1}{12}$, also x = -12;

$\frac{1}{y} = v = -\frac{1}{3}$, also y = -3.

Probe für Gleichung (1):

$T_1((-12;-3)) = \frac{32}{-12} - \frac{35}{-3} = -\frac{8}{3} + \frac{35}{3} = \frac{27}{3} = 9$;

$T_r((-12;-3)) = 9$.

(-12; -3) ist ein Lösungselement von Gleichung (1).

Probe für Gleichung (2):

$T_1((-12;-3)) = \frac{48}{-12} - \frac{21}{-3} = -4 + 7 = 3$;

$T_r((-12;-3)) = 3$.

(-12; -3) ist ein Lösungselement von Gleichung (2).

Insgesamt ist (-12; -3) als ein Lösungselement des Gleichungssystems erkannt.

Lösungsmenge: L = {(-12; -3)}.

Anmerkung:

Die Lösungsmenge kann ohne Substitution so ermittelt werden:

$\frac{96}{x} - \frac{105}{y} = 27$ (1*) $\qquad$ $\frac{96}{x} - \frac{105}{y} = 27$ (1*)

$-\frac{96}{x} + \frac{42}{y} = -6$ (2*) $\qquad$ $-\frac{240}{x} + \frac{105}{y} = -15$ (2**)

$\overline{\qquad\qquad\qquad\qquad}$ $\qquad$ $\overline{\qquad\qquad\qquad\qquad\qquad}$

$\quad -\frac{63}{y} = 21$ $\quad | \cdot \frac{y}{21}$ $\qquad$ $-\frac{144}{x} = 12$ $\quad | \cdot \frac{x}{12}$

$\qquad y = -3$ $\qquad\qquad\qquad\qquad\qquad x = -12$

$\qquad\qquad\qquad L = \{(-12; -3)\}$

Im folgenden sei die Grundmenge $\mathbb{Q} \times \mathbb{Q}$. Bestimme in den folgenden Aufgaben jeweils die Lösungsmenge und führe anschlie-
ßend die Probe durch.

[1311] $\frac{1}{x} + \frac{1}{y} = \frac{5}{6}$ $\qquad\qquad$ [1312] $\frac{3}{x} - \frac{8}{y} = 3$

$\qquad \frac{1}{x} - \frac{1}{y} = \frac{1}{6}$ $\qquad\qquad\qquad\qquad \frac{15}{x} + \frac{4}{y} = 4$

[1313] $\frac{32}{x} + \frac{35}{y} = 9$

$\frac{48}{x} - \frac{21}{y} = 3$

*[1315] $\frac{4}{3x} + \frac{6}{5y} = \frac{1}{15}$

$\frac{4}{5x} + \frac{6}{7y} = \frac{1}{35}$

*[1317] $\frac{x}{3} + \frac{5}{y} = 4\frac{1}{3}$

$\frac{x}{6} + \frac{10}{y} = 2\frac{2}{3}$

*[1319] $\frac{4}{x-1} + \frac{5}{y+1} = 2$

$\frac{12}{x-1} - \frac{10}{y+1} = 1$

[1314] $\frac{12}{x} + \frac{8}{y} = \frac{1}{6}$

$\frac{16}{x} + \frac{10}{y} = \frac{1}{3}$

*[1316] $\frac{6}{x} - \frac{14}{y} = 1$

$\frac{2}{x} - \frac{6}{5y} = \frac{1}{15}$

*[1318] $\frac{x}{7} + \frac{2}{y} = 1$

$\frac{x}{5} + \frac{3}{y} = 1$

*[1320] $\frac{10}{x+4} - \frac{3}{y-2} = 4$

$\frac{6}{x+4} - \frac{7}{y-2} = 5$

109. MUSTERAUFGABE:

Grundmenge sei die Menge $\mathbb{Q} \times \mathbb{Q}$. Bestimme die Lösungsmenge des Gleichungssystems

$\frac{x}{y+3} = \frac{x-2}{y+2}$

$\frac{x-5y+3}{x-2y-6} = 4$.

Führe auch die Probe durch.

Lösung:

$\frac{x}{y+3} = \frac{x-2}{y+2}$ $\qquad$ (1)

$\frac{x-5y+3}{x-2y-6} = 4$ $\qquad$ (2)

Wir multiplizieren in jeder Gleichung beide Terme mit dem jeweiligen Hauptnenner und erhalten:

$x(y+2) = (x-2)(y+3)$ $\qquad$ (1')

$x - 5y + 3 = 4(x - 2y - 6)$ $\qquad$ (2')

$xy + 2x = xy + 3x - 2y - 6$

$x - 5y + 3 = 4x - 8y - 24$

$x - 2y = 6$ $\qquad$ (1")

$3x - 3y = 27$ $\qquad$ (2")

Wir verwenden das Additionsverfahren:

$$-3x + 6y = -18 \qquad (1''')$$
$$\underline{3x - 3y = 27 \qquad (2'')}$$
$$3y = 9$$
$$y = 3 \qquad (3)$$

(3) in (1''): $x - 6 = 6$
$$x = 12 \qquad (4)$$

Probe für Gleichung (1):

$$T_1((12;3)) = \frac{12}{3 + 3} = \frac{12}{6} = 2;$$

$$T_r((12;3)) = \frac{12 - 2}{3 + 2} = \frac{10}{5} = 2.$$

(12; 3) ist ein Lösungselement der Gleichung (1).

Probe für Gleichung (2):

$$T_1((12;3)) = \frac{12 - 5 \cdot 3 + 3}{12 - 2 \cdot 3 - 6} = \frac{12 - 15 + 3}{12 - 6 - 6} = \frac{0}{0}$$

ist nicht definiert.

Da der linke Term T_1 für die Einsetzung (12;3) überhaupt nicht definiert ist, kann (12;3) kein Lösungselement von Gleichung (2) sein. Damit ist (12;3) auch kein Lösungselement des Systems "Gleichung (1) und Gleichung (2)".
Lösungsmenge: $L = \emptyset$.

Anmerkung:

Verzichtet man darauf, zu Beginn die Definitionsmenge des Systems von Bruchgleichungen zu ermitteln, so ist die Probe unbedingt erforderlich. Hier zeigt sich, daß der Übergang vom System der Gleichungen (1),(2) zum System der Gleichungen (1'),(2') keine Äquiavlenzumformung ist!
(Vergleiche auch die Seiten 140 und 141.)

Grundmenge sei die Menge $\mathbb{Q} \times \mathbb{Q}$. Bestimme in den folgenden Aufgaben jeweils die Lösungsmenge. Führe auch die Probe durch.

[1321] $\dfrac{x + 4}{y + 1} = 2$ \qquad\qquad [1322] $\dfrac{x + 5}{y - 1} = 0$

$\ \dfrac{x + 2}{y - 1} = 3$ \qquad\qquad\ \ $\dfrac{x - 2}{y + 6} = 0,5$

[1323] $\dfrac{x + 6}{y + 3} = \dfrac{5}{3}$ \qquad\qquad [1324] $\dfrac{3x + 1}{4 - 2y} = \dfrac{4}{3}$

$\ \dfrac{x - 2}{y + 1} = \dfrac{1}{2}$ \qquad\qquad\quad $x + y = 1$

*[1325] $\dfrac{3}{x} + \dfrac{5}{y} = 6$

$\;\dfrac{7}{x} + \dfrac{10}{y} = 12$

*[1327] $\dfrac{x + 2y + 1}{2x - y + 1} = 2$

$\;\dfrac{3x - y + 1}{x - y + 3} = 5$

*[1329] $\dfrac{4(2x - y + 3)}{x + y} = -3$

$\;\dfrac{7(x + y)}{x - 4y + 5} = -3$

*[1326] $\dfrac{x + 1}{y} + 1 = 0$

$\;\dfrac{y + 1}{x} - 7 = 0$

*[1328] $\dfrac{x + y + 1}{x - y + 1} = \dfrac{1}{3}$

$\;\dfrac{x + y + 1}{x - y - 1} = -\dfrac{3}{2}$

*[1330] $\dfrac{2y + 4x}{x + 2y + 3} = 7$

$\;\dfrac{3(x + y - 2)}{x + 3} + 5 = 0$

8.4   TEXTAUFGABEN

110. MUSTERAUFGABE:

Petra hat sich 6 Hefte und 8 Stifte für zusammen 11 DM gekauft. Ihr Bruder Peter hat für 4 Hefte und 2 Stifte 5 DM bezahlt.

Welchen Preis haben die Geschwister für ein Heft, welchen
Preis für einen Stift bezahlt?

Lösung:

Der Preis für ein Heft sei x DM,

der Preis für einen Stift sei y DM.

Dann ergibt sich aus dem Einkauf von Petra die Gleichung

$6x + 8y = 11,$ (1)

und aus dem Einkauf von Peter die Gleichung

$4x + 2y = 5.$ (2)

Insgesamt erhalten wir zwei Gleichungen mit den beiden Variablen x und y bezüglich der Grundmenge $\mathbb{Q}^+ \times \mathbb{Q}^+$.

$6x + 8y = 11$ (1)

$4x + 2y = 5$ (2)

Wir bestimmen die Lösungsmenge nach dem Additionsverfahren:

$6x + 8y = 11$ (1)

$\underline{-16x - 8y = -20}$ (2')

$-10x = -\,9$

$x = 0,9$ (3)

(3) in (2): $4 \cdot 0,9 + 2y = 5$; $y = 0,7$. $L = \{(0,9; 0,7)\}$.

Ein Heft kostet 0,90 DM und ein Stift kostet 0,70 DM.

Probe:

Petra hat bezahlt:

$6 \cdot 0,90$ DM $+ 8 \cdot 0,70$ DM $= 5,40$ DM $+ 5,60$ DM $= 11,00$ DM $= 11$ DM;

Peter hat bezahlt:

$4 \cdot 0,90$ DM $+ 2 \cdot 0,70$ DM $= 3,60$ DM $+ 1,40$ DM $= 5,00$ DM $= 5$ DM.

[1331] Frau Maier kauft für 5,30 DM 2 Päckchen Puderzucker
und 3 Päckchen Kandiszucker. Frau Müller kauft im
gleichen Laden 3 Päckchen Puderzucker und 2 Päckchen
Kandiszucker für 4,70 DM.
Welchen Preis haben die Frauen für ein Päckchen Puderzucker, welchen Preis für ein Päckchen Kandiszucker
bezahlt?

[1332] Frau Schneider kauft 3 Stück Butter und 4 Packungen
Haferflocken und bezahlt dafür 17,07 DM. Frau Wagner
kauft 2 Stück Butter und 2 Packungen Haferflocken
und bezahlt dafür 9,86 DM.
Welchen Preis muß Frau Lehmann in diesem Laden für
4 Stück Butter und 1 Packung Haferflocken bezahlen?

[1333] Hans läßt 3 Filme entwickeln und 51 Abzüge anfertigen,
dafür bezahlt er 40,20 DM. Karl läßt 2 Filme entwickeln
und 36 Abzüge anfertigen und bezahlt 12 DM weniger als
Hans.
Welchen Preis müssen beide für das Entwickeln eines
Films, welchen Preis für das Anfertigen eines Abzuges
bezahlen?

[1334] Für eine Taxifahrt muß man einen Grundbetrag und die
Kilometerkosten bezahlen. Für die 8 km lange Hinfahrt
zahlt Frau Huber 11,60 DM. Auf der Rückfahrt muß sie
einen Umweg von 2 km fahren und bezahlt jetzt 13,70 DM.
Wie groß ist der Grundbetrag?

[1335] Herr Schuster möchte das Wohnzimmer und das Kinderzimmer mit einem Teppichboden belegen. Der grüne Tep-

pichboden kostet 40 DM/m^2, der rote Teppichboden
44 DM/m^2. Legt Herr Schuster den grünen Teppichboden
in das Wohnzimmer und den roten Teppichboden in das
Kinderzimmer, dann muß er 2104 DM bezahlen; wählt er
umgekehrt, so kostet es 2180 DM.
Wie groß sind die beiden Zimmer?

[1336] Drei Kilogramm Steinkohlenbriketts und zwei Kilogramm
Braunkohlenbriketts haben zusammen einen Heizwert von
31 800 Kilokalorien. Zwei Kilogramm Steinkohlenbriketts
und drei Kilogramm Braunkohlenbriketts haben zusammen
einen Heizwert von 29 200 Kilokalorien.
Welchen Heizwert hat ein Kilogramm Steinkohlenbriketts,
welchen Heizwert hat ein Kilogramm Braunkohlenbriketts?

[1337] In einer Turnhalle sind für die Zuschauer Bänke aufge-
stellt. Wenn jede Bank von 5 Zuschauern besetzt wird,
dann fehlen 8 Bänke. Wird jede Bank von 6 Zuschauern
besetzt, dann bleiben 2 Bänke frei.
Wie viele Bänke und wie viele Zuschauer sind in der
Turnhalle?

[1338] Wenn man die Länge eines Rechtecks um 2 cm vergrößert
und die Breite um 1 cm verkleinert, dann bleibt der
Flächeninhalt des Rechtecks unverändert. Verkleinert
man die Länge des Rechtecks um 1 cm und vergrößert die
Breite um 2 cm, dann nimmt der Flächeninhalt des
Rechtecks um 12 cm^2 zu.
Welche Seitenlängen hat das Rechteck?

[1339] Zwei Kapitalien bringen, das eine zu 3,5 % und das
andere zu 4,5 % angelegt, jährlich 330 DM Zinsen.
Könnte man beide zu 5 % anlegen, dann würden sie
jährlich 70 DM mehr an Zinsen bringen.
Wie groß sind beide Kapitalien?

*[1340] Ein Sparer hat 1250 DM und 850 DM bei zwei verschie-
denen Banken angelegt. Er erhält jährlich insgesamt
100,75 DM Zinsen.
Am Ende des ersten Jahres hebt er bei beiden Banken

die Zinsen und von jedem Konto 250 DM ab. Im nächsten Jahr bekommt er für beide Guthaben zusammen 77 DM Zinsen.

Zu welchen Zinssätzen waren beide Guthaben angelegt?

*[1341] Durch das Mischen von 3 l eines ersten Alkohols mit 2 l eines zweiten Alkohols erhält man 58-%-igen Alkohol. Mischt man 2 l des ersten Alkohols mit 3 l des zweiten Alkohols, dann entsteht 52-%-iger Alkohol.

Gib die Konzentrationen beider Alkoholarten an.

*[1342] Ein 900 Liter fassender Kessel kann durch 2 Röhren gefüllt werden. Ist die erste Röhre 4 Minuten und die zweite Röhre 2 Minuten geöffnet, dann fließen 80 Liter zu; ist die erste Röhre 2 Minuten und die zweite Röhre 4 Minuten geöffnet, dann fließen 100 Liter zu.

a) Wie lange brauchen beide Röhren, um gemeinsam den Kessel zu füllen?

b) Wie lange braucht jede der beiden Röhren allein, um den Kessel zu füllen?

*[1343] Max und Moritz haben zusammen 560 DM Schulden. Jeder von beiden hat zwar Geld, aber keiner hat soviel, um sämtliche Schulden zu bezahlen.

Max sagt zu Moritz:

"Gibst du mir die Hälfte deines Geldes, dann kann ich die Schulden bezahlen."

Moritz sagt zu Max:

"Gibst du mir 60 % deines Geldes, dann kann ich die Schulden bezahlen."

Wieviel Geld hat Max, wieviel Geld hat Moritz?

*[1344] Horst und Heinz sollen Schuhe putzen. Wenn Horst für Heinz ein Paar putzt, haben beide gleich viele Paare zu putzen; wenn Heinz für Horst ein Paar putzt, dann muß Heinz doppelt so viele Paare wie Horst putzen.

Wie viele Paare Schuhe muß Horst putzen, wie viele Paare Heinz?

*[1345] Sabine und Karin haben Geld gespart.

Sabine sagt zu Karin:

"Gibst du mir 7 DM, so haben wir beide gleichviel Geld."

Karin sagt zu Sabine:

"Gibst du mir 14 DM, so habe ich doppelt soviel Geld wie du."

Wieviel Geld hat Sabine, wieviel Karin?

111. MUSTERAUFGABE:

Als Eintrittspreis zu einer Märchenoper wurden 5760 DM bezahlt. Ein Erwachsener bezahlte 26 DM, ein Kind 4 DM. Insgesamt haben 450 Besucher bezahlt.

Wie viele Kinder und wie viele Erwachsene haben Eintrittsgeld bezahlt?

Lösung:

1. Lösungsweg:

Für die Anzahl der Erwachsenen führen wir die Variable x, für die Anzahl der Kinder die Variable y ein.

Da 450 Besucher bezahlt haben, gilt:

$$x + y = 450. \qquad (1)$$

Daß 5760 DM eingenommen wurden, führt auf die Gleichung

$$26x + 4y = 5760. \qquad (2)$$

Insgesamt haben wir ein Gleichungssystem mit den zwei Gleichungen (1) und (2) in den beiden Variablen x und y bezüglich der Grundmenge $\mathbb{N} \times \mathbb{N}$.

$$x + y = 450 \qquad (1)$$
$$26x + 4y = 5760 \qquad (2)$$

Wir lösen nach dem Einsetzungsverfahren:

(1): $y = 450 - x$ \qquad (3)

(3) in (2): $26x + 4(450 - x) = 5760$

$$22x = 3960$$
$$x = 180 \qquad (4)$$

(4) in (3): $y = 450 - 180$

$$y = 270$$

Lösungsmenge: $L = \{(180; 270)\}$.

Probe:

180 Erwachsene und 270 Kinder sind zusammen 450 Besucher, die
180·26 DM + 270·4 DM = 4680 DM + 1080 DM = 5760 DM Eintrittsgeld bezahlt haben.

2. Lösungsweg:

Immer dann, wenn eine der beiden Variablen leicht durch die
andere ausgedrückt werden kann, kann man eine solche Aufgabe
auch mit einer Gleichung in einer Variablen lösen.

Für die Anzahl der Erwachsenen führen wir die Variable x ein.
Da insgesamt 450 Besucher bezahlt haben, waren es (450 - x)
Kinder.

Daß 5760 DM bezahlt wurden, führt auf die Gleichung
$26x + 4(450 - x) = 5760$ bezüglich der Grundmenge N.
Es ergibt sich
$$26x + 1800 - 4x = 5760$$
$$x = 180 \; ; \; L = \{180\}.$$

Ergebnis:

Es haben 180 Erwachsene und (450 - 180) Kinder = 270 Kinder
bezahlt.

Versuche, die folgenden Aufgaben einmal mit Hilfe eines
Gleichungssystems mit zwei Variablen und einmal mit Hilfe
einer Gleichung mit einer Variablen zu lösen.

[1346] Bei einem Fußballspiel bezahlten 1456 Zuschauer ins-
       gesamt 10880 DM Eintrittsgeld. Ein Stehplatz kostete
       6 DM, ein Sitzplatz 10 DM.
       Wie viele Zuschauer bezahlten für einen Stehplatz,
       wie viele für einen Sitzplatz?

[1347] Ein Hotel hat 116 Betten, die in zusammen 81 Ein-
       bettzimmern und Zweibettzimmern stehen.
       Wie viele Einbettzimmer, wie viele Zweibettzimmer
       hat das Hotel?

[1348] Auf einer Länge von 244 m werden 120 Wasserleitungs-
       rohre verlegt. Die Wasserrohre sind 1,80 m und 2,20 m
       lang.
       Wie viele Rohre jeder Sorte wurden benötigt?

[1349] Der Umfang eines gleichschenkligen Dreiecks ist 21 cm.
Die Grundseite ist 1,5 cm kürzer als die Schenkel.
Wie lang sind die Dreiecksseiten?

[1350] Ein Winkel ist um 20° kleiner als das Vierfache des
Nebenwinkels.
Wie groß ist dieser Winkel, wie groß sein Nebenwinkel?

[1351] Mischt man eine Kaffeesorte zum Kilopreis von 14,80 DM
mit einer Kaffeesorte zum Kilopreis von 19,30 DM, so
erhält man 100 kg Kaffee zum Kilopreis von 16,06 DM.
Wieviel Kaffee der einzelnen Sorten werden verwendet?

[1352] Ein Vater und sein Sohn sind zusammen 38 Jahre alt. In
6 Jahren wird der Vater 4 mal so alt wie sein Sohn sein.
Wie alt sind Vater und Sohn?

*[1353] Vor 4 Jahren war ein Vater 5 mal so alt wie sein Sohn,
in 4 Jahren wird der Vater 3 mal so alt wie sein Sohn
sein.
Wie alt sind Vater und Sohn?

*[1354] Eine zweistellige Zahl hat die Quersumme 10. Ver-
tauscht man die Ziffern, so entsteht eine um 36 kleinere Zahl.
Wie heißt die ursprüngliche Zahl?

*[1355] Welche zweiziffrige Zahl mit der Quersumme 11 muß man
um 9 vermindern, um eine Zahl zu erhalten, welche mit
denselben Ziffern, aber in umgekehrte Reihenfolge, geschrieben wird?

112. MUSTERAUFGABE:

Zwei Lastkraftwagen können in 10 Tagen das Material für eine
Baustelle anfahren. Als nach 6 Tagen der stärkere Wagen aus-
fiel, mußte der schwächere noch weitere 12 Tage allein fahren.
In welcher Zeit könnte jeder der beiden Lastkraftwagen das
Material allein anfahren?

Lösung:

Benötigt der stärkere Wagen allein x Tage und der schwächere
allein y Tage, so verrichtet

der stärkere Wagen an einem Tag $\frac{1}{x}$ der Arbeit,

der schwächere Wagen an einem Tag $\frac{1}{y}$ der Arbeit.

Daß beide Wagen zusammen 10 Tage benötigen würden, führt auf die Gleichung

$$\frac{10}{x} + \frac{10}{y} = 1. \qquad (1)$$

Als beide Wagen 6 Tage gemeinsam gefahren waren, mußte der schwächere Wagen noch 12 Tage allein weiter fahren. Dies ergibt die Gleichung

$$\frac{6}{x} + \frac{6 + 12}{y} = 1. \qquad (2)$$

(1) und (2) sind zwei Gleichungen in den Variablen x und y. Grundmenge dieses Gleichungssystems ist die Menge $\mathbb{Q}^+ \times \mathbb{Q}^+$. Wir bestimmen die Lösungsmenge:

$$\frac{10}{x} + \frac{10}{y} = 1 \qquad (1)$$

$$\frac{6}{x} + \frac{18}{y} = 1 \qquad (2)$$

Die Substitution $u = \frac{1}{x}$ und $v = \frac{1}{y}$ führt auf das lineare Gleichungssystem

$$10u + 10v = 1$$
$$6u + 18v = 1.$$

Nach kurzer Rechnung erhält man $u = \frac{1}{15}$ und $v = \frac{1}{30}$, also x = 15 und y = 30;

Lösungsmenge: L = {(15;30)}.

Der stärkere Wagen würde allein 15 Tage, der schwächere allein 30 Tage benötigen.

[1356] Zwei Röhren können einen Behälter zusammen in 12 Minuten füllen. Als beide Röhren 4 Minuten in Betrieb waren, fiel eine der beiden Röhren aus. Nun mußte die zweite Röhre noch 24 Minuten geöffnet bleiben.
In welcher Zeit würde jede der beiden Röhren allein den Behälter füllen können?

[1357] Zwei Röhren A und B füllen ein Becken in 100 Minuten.

Fließt Wasser durch Röhre A zu und gleichzeitig Wasser durch Röhre B ab, dann ist das Becken nach 150 Minuten gefüllt.

Welche Zeit würde jede der beiden Röhren allein benötigen, um das Becken zu füllen?

[1358] Für die Malerarbeiten eines Neubaues werden die Malermeister Maier und Müller verpflichtet. Die Arbeit wäre vollendet, wenn Meister Maier 8 Tage und Meister Müller 10 Tage arbeiten würden. Als beide 5 Tage gemeinsam gearbeitet haben, wird Herr Müller krank, so daß Herr Maier noch 11 weitere Tage allein arbeiten muß. In welcher Zeit hätte jeder der beiden Malermeister allein die Arbeit vollbringen können?

*[1359] Der Wert eines Bruches beträgt $\frac{4}{7}$. Vermindert man den Zähler um 1 und vermehrt den Nenner um 4, so hat der neue Bruch den Wert $\frac{1}{2}$.

Wie heißt der ursprüngliche Bruch?

*[1360] Ein Bruch nimmt den Wert $\frac{4}{3}$ an, wenn man den Zähler und den Nenner um 1 vermehrt. Er nimmt dagegen den Wert $\frac{3}{2}$ an, wenn man den Zähler und den Nenner um 1 vermindert.

Wie heißt der ursprüngliche Bruch?

113. MUSTERAUFGABE:

Man kann die Längen jeweils zweier Seiten eines Dreiecks auf drei Arten addieren. Es ergeben sich 7,5 cm, 7,0 cm und 6,5 cm. Wie lang sind die Seiten, wenn c die längste und a die kürzeste Dreiecksseite ist?

Lösung:

Dem Aufgabentext können drei Gleichungen entnommen werden:

$$
\begin{aligned}
b + c &= 7,5 \text{ cm} &\quad (1) \\
a + c &= 7,0 \text{ cm} &\quad (2) \\
a + b &= 6,5 \text{ cm} &\quad (3)
\end{aligned}
$$

Insgesamt liegt ein System von drei Gleichungen in den drei Variablen a, b und c vor.

"(1) - (2)": $-a + b = 0,5$ cm   (4)

(3): $\underline{a + b = 6,5 \text{ cm}}$

$\qquad\qquad 2b = 7,0$ cm

$\qquad\qquad\ b = 3,5$ cm   (5)

(5) in (3): $a = 3$ cm   (6)

(6) in (2): $c = 4$ cm   (7)

Das Dreieck hat die Seitenlängen $a = 3,0$ cm, $b = 3,5$ cm und $c = 4,0$ cm.

Anmerkung:

Wir haben hier die Einheit "cm" in den Gleichungen mitge-
schrieben. Da alle auftretenden Zahlen Maßzahlen von Streckenlängen in der g l e i c h e n Einheit, hier cm, sind, kann
darauf auch verzichtet werden.

[1361] Vor zwei Wochen bezahlte Frau Müller für 20 Flaschen
Bier, 10 Flaschen Sprudel und 15 Flaschen Saft 55,00 DM.
Letzte Woche bezahlte Frau Müller für 10 Flaschen Bier,
15 Flaschen Sprudel und 10 Flaschen Saft 41,50 DM.
Diese Woche bezahlte Frau Müller für 10 Flaschen Bier,
20 Flaschen Sprudel und 5 Flaschen Saft 36,00 DM.
Wie teuer war eine Flasche Bier, eine Flasche Sprudel,
eine Flasche Saft?

[1362] Eine Metzgerei bietet 3 Geschenkkörbe mit 3 verschiedenen Wurstsorten in drei verschiedenen Preislagen an.
Das 1. Sortiment kostet 131 DM und enthält 2 kg Wurst
der 1. Sorte, 3 kg der 2. Sorte und 5 kg der 3. Sorte.
Das 2. Sortiment kostet 123 DM und enthält 3 kg Wurst
der 1. Sorte, 4 kg der 2. Sorte und 3 kg der 3. Sorte.
Das 3. Sortiment kostet 115 DM und enthält 4 kg Wurst
der 1. Sorte, 5 kg der 2. Sorte und 1 kg der 3. Sorte.
Wie hoch ist der Kilogrammpreis der einzelnen Wurstsorten?

[1363] Ein Hotel hat 280 Betten in zusammen 160 Einbettzim-
mern, Zweibettzimmern und Dreibettzimmern. In den Ein-
bettzimmern und Dreibettzimmern sind gleichviel Betten
wie in den Zweibettzimmern.
Wie viele Zimmer jeder Art hat das Hotel?

*[1364] Drei Kapitalien von zusammen 15000 DM sind zu 4 %, 5 %
und 6 % ausgeliehen. Die jährlichen Zinsen betragen
770 DM. Wären die gleichen Beträge zu 6 %, 4 % und 5 %
ausgeliehen, würde der jährliche Zins 740 DM betragen.
Wie groß sind die drei Kapitalien?

*[1365] Der Umfang eines Dreiecks beträgt 40 cm. Die längste
Seite c ist um 10 cm kleiner als die Summe der beiden
anderen Seiten. Die kürzeste Seite b ist sechsmal so
groß wie die Differenz der beiden anderen Seiten.
Wie lang sind die Dreiecksseiten?

*[1366] Vater und Sohn sind zusammen 90 Jahre alt, Mutter und
Sohn sind zusammen 80 Jahre alt. Tochter und Sohn sind
zusammen so alt wie die Mutter. Vater und Tochter sind
zusammen 30 Jahre älter als die Mutter.
Wie alt sind Vater, Mutter, Sohn und Tochter?

*[1367] Frau Bauer und Frau Koch sind zusammen 50 Jahre alt,
Frau Bauer und Frau Wagner sind zusammen 60 Jahre alt,
Frau Koch und Frau Wagner sind zusammen 70 Jahre alt.
Welches Alter haben diese drei Frauen?

*[1368] Drei Röhren A, B und C können ein Schwimmbad füllen.
A und B zusammen brauchen 12 Stunden,
A und C zusammen brauchen 15 Stunden,
B und C zusammen brauchen 20 Stunden.
In welcher Zeit füllen alle drei Röhren zusammen das
Schwimmbad?

*[1369] Bei einem Quader haben drei Seitenflächen jeweils eine
Ecke gemeinsam. Drei derartige Flächen haben die Um-
fänge 24 cm, 28 cm und 32 cm.
Welches Volumen hat dieser Quader?

*[1370] Herr Maier will sich Hosen kaufen. Im ersten Geschäft
gefallen ihm drei, zwei davon will er gleich mitnehmen.
Er hat 186 DM bei sich. Nun überlegt er: Soll er sein
gesamtes Geld ausgeben oder 14 DM oder 36 DM
behalten?
Was kostet jede dieser drei Hosen?

114. MUSTERAUFGABE:

Zwischen Stuttgart und München verkehren Eilzüge. Die Fahrstrecke zwischen beiden Bahnhöfen beträgt 240 km. Der Stuttgarter Eilzug verläßt den Stuttgarter Bahnhof um 8 Uhr. Eine
halbe Stunde später verläßt der Münchner Eilzug den Münchner
Bahnhof. Beide Züge brauchen für die gesamte Strecke jeweils
3 Stunden.

a) Mit welcher durchschnittlichen Geschwindigkeit fahren beide Züge?

b) Um wieviel Uhr fahren beide Eilzüge aneinander vorbei
   (wobei wir annehmen, daß beide Züge durchweg mit ihrer
   Durchschnittsgeschwindigkeit fahren)?
   Löse diesen Aufgabenteil rechnerisch und zeichnerisch.

c) Wie weit ist der Treffpunkt beider Züge von Stuttgart,
   wie weit von München entfernt?

Lösung:

a) Durchschnittsgeschwindigkeit = $\dfrac{\text{Weg}}{\text{Zeit}}$; $v = \dfrac{s}{t} = \dfrac{240 \text{ km}}{3 \text{ h}} = 80 \dfrac{\text{km}}{\text{h}}$.

   Die durchschnittliche Geschwindigkeit beider Eilzüge beträgt
   jeweils 80 km/h.

b) Rechnerische Lösung:

   Die Zeit (in h) von der Abfahrt des Münchner Eilzuges bis
   zum Zusammentreffen beider Eilzüge bezeichnen wir mit x.
   Dann beträgt die Fahrstrecke (in km) des Münchner Eilzuges
   bis zum Treffpunkt beider Züge 80x.
   Die Fahrstrecke (in km) des Stuttgarter Eilzuges, der eine
   halbe Stunde länger fährt, bis zum Treffpunkt beträgt dann
   $80(x + 0,5)$.
   Weil beide Züge einander erst dann begegnen, wenn sie zusammen die Entfernung zwischen München und Stuttgart, also
   insgesamt 240 km zurückgelegt haben, ergibt sich die Gleichung
   $80x + 80(x + 0,5) = 240$ bezüglich der Grundmenge $\mathbb{Q}^+$.
   $80x + 80x + 40 = 240$

160x = 200

$$x = 1,25 \; ; \; L = \{\tfrac{5}{4}\}.$$

Beide Eilzüge begegnen sich 1 Stunde 15 Minuten nach der Abfahrt des Münchner Zuges, also um 9^{45} Uhr.

1. Anmerkung:

Man kann x auch als Variable für die Zeit (in h) von der Abfahrt des Stuttgarter Zuges bis zur Begegnung beider Eilzüge einführen. Dann erhält man die Gleichung
$80x + 80(x - 0,5) = 240$ mit der Lösungsmenge $L = \{\tfrac{7}{4}\}$.
Da der Stuttgarter Zug um 8^{00} Uhr abfährt, begegnen sich beide Eilzüge um 9^{45} Uhr.

2. Anmerkung:

Diese Aufgabe läßt sich auch ohne Gleichungsansatz lösen:
Ehe der Münchner Zug abfährt, hat der Stuttgarter Zug bereits die Strecke $80 \; \tfrac{km}{h} \cdot 0,5 \; h = 40 \; km$ zurückgelegt.
Bei der Abfahrt des Münchner Zuges beträgt die Entfernung zwischen beiden Zügen noch 240 km - 40 km = 200 km. In einer Stunde nähern sich beide Züge einander um 80 km + 80 km = 160 km. Für die fehlenden 40 km brauchen sie nochmals den vierten Teil einer Stunde.
Da der Münchner Zug um 8^{30} Uhr abfährt, begegnen sich beide Eilzüge um 9^{45} Uhr.

Zeichnerische Lösung:

Wir wollen versuchen, anhand einer Tabelle die Situation zu verdeutlichen:

Uhrzeit	Entfernung des Stuttgarter Zuges von Stuttgart	Entfernung des Münchner Zuges von Stuttgart
8^{00}	0 km	240 km
8^{30}	40 km	240 km
9^{00}	80 km	200 km
9^{30}	120 km	160 km
10^{00}	160 km	120 km
10^{30}	200 km	80 km
11^{00}	240 km	40 km
11^{30}	240 km	0 km

Die Situation kann auch graphisch dargestellt werden:

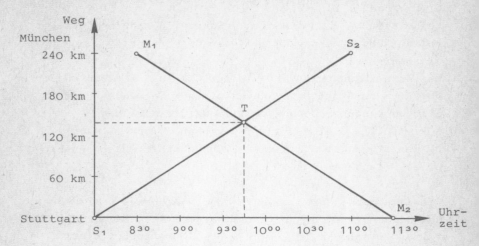

Die Fahrt des Stuttgarter Zuges wird durch die Strecke
$\overline{S_1 S_2}$ beschrieben. S_1 kennzeichnet die Abfahrt in Stuttgart, S_2 die Ankunft in München. $\overline{M_1 M_2}$ beschreibt die
Fahrt des Münchner Zuges.

Die beiden Geradenstücke $\overline{S_1 S_2}$ und $\overline{M_1 M_2}$ schneiden sich in
T. Dieser Schnittpunkt beschreibt die Begegnung beider
Züge. Man entnimmt der Zeichnung, daß dies um 9^{45} Uhr ge-
schieht und zu diesem Zeitpunkt beide Züge 140 km von
Stuttgart und 100 km von München entfernt sind.

c) Die Begegnung beider Züge geschieht 1,75 h nach der Abfahrt des Stuttgarter Zuges. Dann sind die beiden Eilzüge
$80 \frac{km}{h} \cdot 1,75$ h = 140 km von Stuttgart und 240 km - 140 km
= 100 km von München entfernt.

[1371] Ein Eilzug, der mit einer durchschnittlichen Geschwindigkeit von 55 km/h fährt, verläßt den Bahnhof A in
Richtung B. Gleichzeitig verläßt ein Schnellzug, der
mit der durchschnittlichen Geschwindigkeit von 75 km/h
fährt, den Bahnhof B in Richtung A.

208

a) Ermittle rechnerisch und zeichnerisch, nach welcher Zeit sich beide Züge begegnen, wenn die beiden Bahnhöfe 455 km voneinander entfernt sind.

b) Ermittle rechnerisch, in welcher Entfernung von A und in welcher Entfernung von B sich beide Züge begegnen.

mit Ergebnis addieren

Vergleiche die Ergebnisse mit der Zeichnung.

[1372] Die beiden Freunde Peter und Paul fahren einander mit dem Fahrrad entgegen. Peter fährt um 8⁴⁵ Uhr mit der durchschnittlichen Geschwindigkeit 30 km/h ab, Paul fährt 20 Minuten später mit der durchschnittlichen Geschwindigkeit 24 km/h los.

+ ⅓   X

$X = \frac{1}{3}$

a) Ermittle rechnerisch und zeichnerisch, zu welcher Uhrzeit sich die beiden Freunde treffen, wenn deren Wohnorte 91 km voneinander entfernt liegen.

b) Ermittle rechnerisch, welche Strecken Peter und Paul bis zum Treffpunkt zurückgelegt haben.

Vergleiche die Ergebnisse mit der Zeichnung.

[1373] Die beiden Orte A und B liegen 315 km voneinander entfernt. Zwei Eilzüge fahren gleichzeitig in A beziehungsweise in B ab. Beide haben die durchschnittliche Geschwindigkeit 60 km/h. Die beiden Eilzüge fahren einander entgegen.

Der von A abfahrende Zug fährt 1,5 Stunden, dann muß er 0,25 Stunden auf freier Strecke warten, ehe er seine Fahrt fortsetzen kann.

$60\left(x - \frac{1}{4}\right) + 60\left(x - \frac{1}{2}\right) = 315$

Der von B abfahrende Zug fährt 1 Stunde, dann muß er 0,5 Stunden auf freier Strecke warten, ehe er seine Fahrt fortsetzen kann.

a) Ermittle rechnerisch und zeichnerisch, nach welcher Zeit sich die beiden Eilzüge begegnen.

nach 3 h

b) Ermittle rechnerisch, in welcher Entfernung von A sich der Treffpunkt befindet.

$60\left(3 - \frac{1}{4}\right) = 165$

Vergleiche die Ergebnisse mit der Zeichnung.

115. MUSTERAUFGABE:

Ein Güterzug fährt mit der durchschnittlichen Geschwindigkeit 48 km/h. Zwei Stunden nach seiner Abfahrt folgt ihm ein Eilzug mit der durchschnittlichen Geschwindigkeit 72 km/h.

a) Ermittle zeichnerisch, wie lange der Güterzug unterwegs war, bevor er vom Eilzug eingeholt wurde.
   Welche Strecke hatte der Güterzug bis dahin zurückgelegt?

b) Ermittle rechnerisch, welche Zeit der Güterzug unterwegs war, ehe er vom Eilzug eingeholt wurde. $48x = 72(x-2)$ [6
   Welche Strecke hatte der Güterzug bis dahin zurückgelegt?

$6 \cdot 48 = 288$

Lösung:

a) Führt man für die Fahrzeit (in h) des Güterzuges die Variable t und für die zurückgelegte Fahrstrecke (in km) die Variable y ein, so gilt: y = 48t.

Diese Aussageform kann als Gleichung der Geraden g: y = 48t in einem t-y-Koordinatensystem aufgefaßt werden.

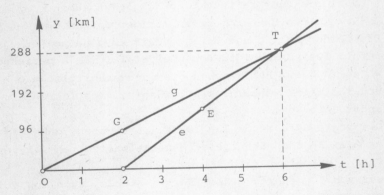

Bei unserer Aufgabenstellung ist nur die Halbgerade mit t > 0 von Interesse. Sie aber beschreibt die Fahrt des Güterzuges. Daß beispielsweise G(2/96) ein Punkt von g ist, sagt aus: Nach 2 Stunden Fahrzeit hat der Güterzug 96 km Fahrstrecke zurückgelegt.

Die Fahrzeit des Eilzuges wird durch t-2 (in h) ausgedrückt. Führen wir auch für seine Fahrstrecke (in km) die Variable y ein, so gilt: y = 72(t - 2) = 72t - 144.

210

Wir zeichnen auch die Gerade

e: y = 72t - 144

in das t-y-Koordinatensystem ein.

Diese Gerade beschreibt im Teil mit t ≥ 2 die Fahrt des Eilzuges.

Beispielsweise liegt E(4/144) auf e. Hieraus entnehmen wir, daß
der Eilzug 4 Stunden nach der Abfahrt des Güterzuges 144 km
zurückgelegt hat.

Die Geraden g und e schneiden sich im Punkt T(6/288). Das bedeutet, daß 6 Stunden nach der Abfahrt des Güterzuges sowohl
der Güterzug als auch der Eilzug jeweils 288 km zurückgelegt
haben.

Ergebnis:

Der Güterzug wurde nach einer Fahrzeit von 6 Stunden vom Eilzug eingeholt. Er hatte zu diesem Zeitpunkt 288 km zurückgelegt.

b) Man kann analog zur zeichnerischen Lösung mit zwei Variablen
t und y arbeiten und die Koordinaten von T berechnen.

Wir lösen die Aufgabe mit einem Gleichungsansatz in einer Variablen.

Die Variable für die Fahrzeit (in h) des Güterzuges sei t.

Dann drückt t-2 die Fahrzeit des Eilzuges aus.

In t Stunden fährt der Güterzug 48t km,

in (t-2) Stunden fährt der Eilzug 72(t-2) km.

Da beide dann einander begegnen, wenn sie gleich weit gefahren
sind, ergibt sich die Gleichung

$48t = 72(t - 2)$ bezüglich der Grundmenge $\mathbb{Q}^+$.

$144 = 24t$

$t = 6$; $L = \{6\}$.

Der Güterzug wurde nach einer Fahrzeit von 6 Stunden vom Eilzug eingeholt. Bis dahin hatte der Güterzug 48·6 km = 288 km
zurückgelegt.

Anmerkung:

Man kann die Aufgabe auch ohne einen Gleichungsansatz lösen.

Der Güterzug fährt 2 Stunden früher ab und hat daher nach 2
Stunden einen Vorsprung von 2·48 km = 96 km.

Danach fährt der Eilzug in der Stunde 72 km, der Güterzug in der Stunde aber weiterhin 48 km. In einer Stunde nähert sich der Eilzug dem Güterzug um 72 km - 48 km = 24 km. Der Eilzug hat also den Güterzug nach 4 Stunden eingeholt. Zu diesem Zeitpunkt ist der Güterzug bereits 6 Stunden unterwegs und hat während dieser Zeit die Strecke von $48 \frac{km}{h} \cdot 6 h = 288$ km zurückgelegt.

[1374] Ein Radfahrer fährt von Pliezhausen nach Stuttgart. Die Entfernung zwischen beiden Orten beträgt 36 km. Nach 20 Minuten folgt ihm ein zweiter Radfahrer. Der erste Radfahrer fährt mit der durchschnittlichen Geschwindigkeit 18 km/h, der zweite Radfahrer mit der durchschnittlichen Geschwindigkeit 24 km/h.

a) Ermittle zeichnerisch, wann und in welcher Entfernung von Pliezhausen der erste Radfahrer A vom zweiten Radfahrer B eingeholt wird.

b) Ermittle rechnerisch, wann und in welcher Entfernung von Pliezhausen der erste Radfahrer A vom zweiten Radfahrer B eingeholt wird.

[1375] Ein Schwertransporter startet um 6 Uhr im Ort A und fährt mit der durchschnittlichen Geschwindigkeit von 24 km/h nach Ort B. Seine Fahrt wird durch eine Panne von 7^{30} Uhr an für 20 Minuten unterbrochen. Um 8^{50} Uhr folgt ihm von A aus ein PKW mit der durchschnittlichen Geschwindigkeit 60 km/h.

a) Ermittle rechnerisch und zeichnerisch, wann der Schwertransporter von dem PKW eingeholt wird.

b) Ermittle rechnerisch, welche Strecke jedes der beiden Fahrzeuge bis zum Einholzeitpunkt zurückgelegt hat.

[1376] Ein Lastzug verläßt um 7 Uhr den Ort A mit der durchschnittlichen Geschwindigkeit 18 km/h. Um 10 Uhr folgt ihm ein PKW mit der durchschnittlichen Geschwindigkeit 90 km/h. Die Fahrt des PKW wird um 10^{20} Uhr für 40

Minuten unterbrochen. Danach kann der PKW nur noch mit der durchschnittlichen Geschwindigkeit 60 km/h weiterfahren.

Ermittle zeichnerisch und rechnerisch, wann der Lastzug vom PKW eingeholt wird.

Welche Strecke haben die beiden Fahrzeuge bis zum Einholpunkt zurückgelegt?

116. MUSTERAUFGABE:

Eine Fischfangflotte ist mit einer Geschwindigkeit von 15 Knoten auf Fahrt. Ein schnelleres Beiboot soll mit der Geschwindigkeit 25 Knoten die Strecke in Fahrtrichtung erkunden. Nach welcher Zeit muß das Beiboot wenden, wenn es nach 3 Stunden wieder beim Schiffsverband sein soll?

Löse die Aufgabe rechnerisch und führe die Probe durch.

Versuche, die Aufgabe auch zeichnerisch zu lösen.

Lösung:

Anmerkung:

1 Knoten = 1 $\frac{\text{Seemeile}}{\text{Stunde}}$; 1 Seemeile = 1,852 km.

Rechnerische Lösung:

Das Beiboot möge nach x Stunden Fahrzeit wenden. In jeder Stunde Fahrzeit entfernt es sich um 25 Seemeilen - 15 Seemeilen = 10 Seemeilen von der nachfolgenden Flotte.

(Das Sich-Entfernen von der Flotte geschieht mit der Differenz der Geschwindigkeiten, also mit der Geschwindigkeit 25 Knoten - 15 Knoten = 10 Knoten. Ein Beobachter auf einem Flottenschiff sieht das Beiboot mit der Geschwindigkeit 10 Knoten davonfahren.)

Bis zum Wenden hat sich das Beiboot um 10x Seemeilen von der Flotte entfernt. Danach fährt das Beiboot der Flotte (3-x) Stunden entgegen.

(Ein Beobachter auf einem Flottenschiff sieht das Beiboot mit der Summe der Geschwindigkeiten, also mit 25 Knoten + 15 Knoten = 40 Knoten heranfahren.)

In (3-x) Stunden kommen sich das Beiboot und die Flotte um

40(3-x) Seemeilen näher. Da das Beiboot dann wieder bei der Flotte ist, wenn es dieser 10x Seemeilen näher gekommen ist, ergibt sich die Gleichung

10x = 40(3 - x) bezüglich der Grundmenge Q^+.

50x = 120

x = 2,4 ; L = {2,4}.

Das Beiboot muß nach 2,4 Stunden, also nach 2 Stunden 24 Minuten wenden, wenn es nach 3 Stunden wieder bei der Flotte sein soll.

Probe:

Das Beiboot legt in 2,4 h eine Strecke von $25 \frac{sm}{h} \cdot 2,4$ h = 60 sm zurück. Während dieser Zeit legt die Flotte selbst $15 \frac{sm}{h} \cdot 2,4$ h = 36 sm zurück. Zum Zeitpunkt des Wendens hat sich das Beiboot um 60 sm - 36 sm = 24 sm von der Flotte entfernt. In den verbleibenden 0,6 h fahren beide $25 \frac{sm}{h} \cdot 0,6$ h + $15 \frac{sm}{h} \cdot 0,6$ h = 15 sm + 9 sm = 24 sm aufeinander zu. Nach drei Stunden sind Flotte und Beiboot wieder zusammengetroffen.

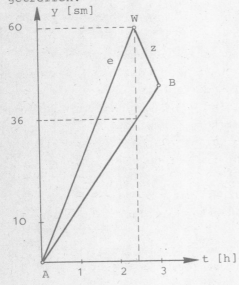

Zeichnerische Lösung:
Wir wählen ein t-y-Koordinatensystem:

1 cm auf der x-Achse entspricht 1 Stunde;

1 cm auf der y-Achse entspricht 10 Seemeilen.

Dann beschreibt die Strecke $\overline{AB}$ mit der Steigung 1,5 die Fahrt der Flotte während der Abwesenheit des Beibootes.

Das Sich-Entfernen des Beibootes wird durch ein Stück der Geraden e beschrieben. Die Gerade e geht durch den Punkt A und hat die Steigung 2,5.

Das Sich-Nähern des Beibootes wird durch ein Stück der Geraden

z beschrieben. Die Gerade z geht durch B und hat die Steigung
-2,5. Der Schnittpunkt W(2,4/60) von e und z legt das Wenden
des Beibootes fest.
Man liest ab: Das Beiboot wendet nach 2 Stunden 24 Minuten.

[1377] Ein Flottenverband fährt mit einer Geschwindigkeit von
16 Knoten. Ein Schnellboot, das mit einer Geschwindigkeit von 34 Knoten fährt, soll eine Strecke von 75 Seemeilen in Fahrtrichtung erkunden.
Nach welcher Zeit trifft das Schnellboot wieder mit dem
Flottenverband zusammen?
Löse die Aufgabe rechnerisch und zeichnerisch.

[1378] Die Teilnehmer an einer Radfernfahrt fahren mit einer
durchschnittlichen Geschwindigkeit von 40 km/h. Ein
Auto, das zur Begleitung gehört, fährt zur Erkundung der
Straße dem Fahrerfeld mit der doppelten Geschwindigkeit
voraus.
Nach welcher Zeit muß das Auto wenden, damit es nach
einer Stunde wieder mit dem Fahrerfeld zusammentrifft?

[1379] Zwei Radrennfahrer fahren auf einer Kreisbahn, die einen Umfang von 360 m besitzt, gleichzeitig in gleicher
Richtung los. Der erste Fahrer fährt mit 12 m/s, der
zweite Fahrer mit 15 m/s.
Nach welcher Zeit treffen beide Fahrer erstmals wieder
zusammen?

[1380] Ein 300 m langer Zug fährt in 25 Sekunden an einem Baum
vorbei.
In welcher Zeit fährt er vollständig durch einen 600 m
langen Tunnel?

[1381] Ein 120 m langer Personenzug, der mit einer Geschwindigkeit von 10 m/s fährt, wird von einem 60 m langen
Eilzug, der mit einer Geschwindigkeit von 72 km/h
fährt, überholt.
Wie lange dauert der vollständige Überholvorgang?

[1382] Ein 90 m langer Eilzug, der mit einer Geschwindigkeit
von 20 m/s fährt, begegnet einem 150 m langen Schnellzug, der mit einer Geschwindigkeit von 144 km/h fährt.
Wie lange dauert der vollständige Begegnungsvorgang?

[1383] Ein Radfahrer fährt um 10 Uhr von Ulm nach dem 80 km
entfernten Augsburg. Unterwegs hat er eine Panne, dadurch muß er die restliche Strecke zu Fuß zurücklegen.
Er kommt dadurch 3 Stunden später in Ausgburg an als
er mit dem Rad angekommen wäre.
Um wieviel Uhr hatte der Radfahrer die Panne, wenn er
mit dem Rad eine Durchschnittsgeschwindigkeit von
20 km/h und zu Fuß eine Durchschnittsgeschwindigkeit
von 5 km/h eingehalten hat?

117. MUSTERAUFGABE:

Herr Maier fährt mit seinem Wagen mit einer durchschnittlichen
Geschwindigkeit von 80 km/h von Köln nach Hamburg. Von Hamburg
fährt er nach Köln nun mit einer durchschnittlichen Geschwindigkeit von 120 km/h zurück.
Wie groß ist die Durchschnittsgeschwindigkeit für die gesamte
Fahrt, wenn er sowohl auf der Hinfahrt als auch auf der Rückfahrt die gleiche Strecke gefahren ist?

Lösung:

Vorbemerkung:

Man könnte daran denken, die Durchschnittsgeschwindigkeit
nach dem arithmetischen Mittel

$$\frac{\text{Hinfahrgeschwindigkeit} + \text{Rückfahrgeschwindigkeit}}{2}$$

$$= \frac{80 \text{ km/h} + 120 \text{ km/h}}{2}$$

$$= 100 \text{ km/h}$$

berechnen zu wollen. Dies wäre aber falsch!

Der Grund ist, daß unterschiedliche Geschwindigkeiten auf
gleichen Strecken unterschiedlich lange Fahrzeiten bewirken.

Lösung:

Die Durchschnittsgeschwindigkeit der gesamten Fahrt sei x km/h.

Die Entfernung zwischen beiden Städten sei e km.

Dann hat Herr Maier eine Gesamtfahrzeit von $\frac{2e}{x}$ Stunden.

Zur Hinfahrt benötigt er $\frac{e}{80}$ Stunden, zur Rückfahrt $\frac{e}{120}$ Stunden.

Daher läßt sich die Gesamtfahrzeit durch $(\frac{e}{80} + \frac{e}{120})$ Stunden ausdrücken.

Damit ergibt sich insgesamt die Gleichung

$$\frac{2e}{x} = \frac{e}{80} + \frac{e}{120}.$$

Da die Entfernung e zwischen diesen beiden Städten nicht 0 km sein kann, können beide Terme der Gleichung durch e $\neq$ 0 dividiert werden.

Man erhält die Gleichung

$\frac{2}{x} = \frac{1}{80} + \frac{1}{120}$ bezüglich der Grundmenge $\mathbb{Q}^+$.

$\frac{2}{x} = \frac{1}{80} + \frac{1}{120} \quad | \cdot 240x$

$480 = 3x + 2x$

$x = 96 \; ; \; L = \{96\}.$

Die Durchschnittsgeschwindigkeit von Herr Maier betrug also 96 km/h (und keineswegs 100 km/h).

[1384] Ein Radfahrer fährt von Pliezhausen nach Sindelfingen mit 24 km/h und von Sindelfingen nach Pliezhausen mit 36 km/h Geschwindigkeit.
Berechne die Durchschnittsgeschwindigkeit für die Gesamtstrecke.

[1385] Die beiden Geschwister Anja und Karen machen eine Schiffsreise von Hamburg nach New York und zurück.
Beide Städte sind 6000 km voneinander entfernt.
Anja benutzte das Schiff, das auf der Hinfahrt und auf der Rückfahrt mit durchschnittlich 40 km/h fuhr.
Karen benutzte das Schiff, das auf der Hinfahrt mit durchschnittlich 30 km/h und auf der Rückfahrt mit durchschnittlich 50 km/h fuhr.
Welches der beiden Geschwister konnte länger das angenehme Leben an Bord genießen?

*[1386] Dieter ist Sportflieger. Als er zum ersten Male die
1200 km lange Strecke von München über Budapest nach
München flog, herrschte Windstille. Er brauchte für
die gesamte Strecke 4 Stunden. Beim zweiten Male hatte
er die gleiche Fluggeschwindigkeit, aber ein starker
Sturm von 100 km/h machte den Flug schwieriger. Auf
dem Hinflug hatte er Rückenwind, auf dem Rückflug
Gegenwind.
Wie lange dauerte der zweite Flug?

118. MUSTERAUFGABE:

Zwei Körper bewegen sich auf einer Kreisbahn. Der 1. Körper
hat eine um 3 m/s höhere Geschwindigkeit als der 2. Körper.
Bewegen sich beide Körper von einem Punkt aus gleichzeitig
in gleicher Richtung, so überholt der eine Körper den anderen
alle 270 Sekunden.
Bewegen sich beide Körper von einem Punkt aus gleichzeitig
in entgegengesetzter Richtung, so treffen sie sich alle 30
Sekunden.
Mit welchen Geschwindigkeiten bewegen sich beide Körper?
Lösung:
Der 1. Körper habe die Geschwindigkeit x m/s,
der 2. Körper habe die Geschwindigkeit y m/s.
Da der erste Körper um 3 m/s schneller als der zweite Körper
ist, gilt
$y = x - 3.$ (1)
Bei gleichgerichteter Bewegung holt der erste Körper dann den
zweiten Körper ein, wenn er eine Bahnlänge mehr Weg zurückgelegt hat. Da er um die Differenz $(x-y)$ m/s = 3 m/s schneller
ist und zum Einholen 270 Sekunden benötigt, ist die Bahn
$3 \frac{m}{s} \cdot 270 \text{ s} = 810 \text{ m}$ lang.

Bei entgegengerichteter Bewegung treffen sich beide Körper
dann, wenn sie zusammen eine Bahnlänge zurückgelegt haben. Da
dies nach 30 Sekunden der Fall ist, kann die Länge der Bahn
auch durch $(30x+30y)$ m ausgedrückt werden.

Insgesamt ergibt sich die Gleichung

30x + 30y = 810.   (2)

Die Gleichungen

y = x - 3   (1)

und

30x + 30y = 810   (2)

bilden ein Gleichungsystem bezüglich der Grundmenge $\mathbb{Q}^+ \times \mathbb{Q}^+$.

(2): x + y = 27   (2')

(1) in (2'): x + x - 3 = 27

          x = 15   (3)

(3) in (1): y = 15 - 3

          y = 12 ; L = {(15; 12)}.

Der erste Körper bewegt sich mit der Geschwindigkeit 15 m/s, der zweite Körper mit der Geschwindigkeit 12 m/s.

[1387] Zwei Radfahrer stehen auf zwei gegenüberliegenden Punk-
       ten einer Kreisbahn. Beide starten zur gleichen Zeit.
       Je nachdem, in welche Richtung der schnellere Fahrer
       losfährt, nähert er sich dem langsameren Fahrer in je-
       der Sekunde 18 m beziehungsweise 4 m.
       Veranschauliche die Situation in einer Skizze.
       Wie groß sind die Geschwindigkeiten beider Radfahrer?
[1388] Auf einer kreisförmigen 180 m langen Rennbahn fahren
       zwei Radfahrer. Fahren sie in entgegengerichteter Rich-
       tung, so treffen sie sich alle 10 Sekunden; fahren sie
       in gleicher Richtung, so holt der schnellere Fahrer den
       langsameren alle 90 Sekunden ein.
       Mit welcher Geschwindigkeit fahren beide Radfahrer?
*[1389] Zwei Motorradfahrer A und B fahren auf einer 900 m
       langen Bahn. Fahren beide gleichzeitig los, so über-
       rundet Fahrer A den Fahrer B zum ersten Male nach 225
       Sekunden. Bekommt Fahrer B von Fahrer A einen Vorsprung
       von 40 m und darf darüber hinaus noch 5 Sekunden früher
       losfahren, so wird Fahrer B nach 35 Sekunden einge-
       holt.
       Welche Geschwindigkeiten haben beide Fahrer?

119. MUSTERAUFGABE:

Bei einem Autorennen kam einer von drei gleichzeitig gestarteten Fahrern, der 40 km/h langsamer fuhr als der erste und 20 km/h schneller als der dritte, am Ziel 18 Minuten später als der erste und 12 Minuten früher als der dritte an.
Wie lang ist die Bahnstrecke?

Lösung:

Die Geschwindigkeit des mittleren Fahrers sei x km/h, seine Fahrzeit sei y h.

Dann fuhr der erste Fahrer $(y-0,3)$ Stunden mit der Geschwindigkeit $(x+40)$ km/h;

der dritte Fahrer fuhr dann $(y+0,2)$ Stunden mit der Geschwindigkeit $(x-20)$ km/h.

Da jeder Fahrer die gleiche Strecke zurücklegen mußte, ergibt sich das folgende Gleichungssystem:

$$xy = (x + 40)(y - 0,3) \qquad (1)$$

und

$$xy = (x - 20)(y + 0,2) \qquad (2)$$

bezüglich der Grundmenge $\mathbb{Q}^+ \times \mathbb{Q}^+$.

Wir bestimmen die Lösungsmenge:

$$xy = xy - 0,3x + 40y - 12 \qquad (1')$$
$$xy = xy + 0,2x - 20y - 4 \qquad (2')$$
$$-0,3x + 40y = 12 \qquad (1'')$$
$$\underline{0,4x - 40y = 8}$$
$$0,1x \qquad = 20$$
$$x = 200 \qquad (3)$$

(3) in (1''): $-60 + 40y = 12$
$$y = 1,8 \ ; \ L = \{(200; \ 1,8)\}.$$

Der mittlere Fahrer fuhr 1,8 h mit der Geschwindigkeit 200 km/h, somit war die Rennstrecke $200 \ \frac{km}{h} \cdot 1,8 \ h = 360$ km lang.

[1390] Bei einem Radrennen kam einer von drei gleichzeitig gestarteten Fahrern, der 12 km/h langsamer als der erste und 4 km/h schneller als der dritte fuhr, 30 Minuten später als der erste und 15 Minuten früher als der drit am Ziel an.

a) Wie lange fuhr der langsamste Radfahrer?

b) Mit welcher Geschwindigkeit fuhr der langsamste Radfahrer?

[1391] Bei einem Motorradrennen kam einer von drei gleichzeitig gestarteten Fahrern, der 8 km/h langsamer als der erste und 12 km/h schneller als der dritte fuhr, 10 Minuten später als der erste und 20 Minuten früher als der dritte am Ziel an.

a) Mit welcher Geschwindigkeit fuhr der schnellste Fahrer?

b) Wie lange fuhr der schnellste Fahrer?

[1392] Ein Radfahrer fuhr mit einer bestimmten Geschwindigkeit von A nach B, wo er nach einer bestimmten Zeit ankam. Wäre er 3 km/h schneller gefahren, so würde er 1 Stunde früher; wäre er 2 km/h langsamer gefahren, so würde er 1 Stunde später am Ziel gewesen sein.

a) Berechne die Geschwindigkeit des Radfahrers.

b) Welche Zeit brauchte der Radfahrer?

[1393] Ein Radfahrer fuhr mit einer bestimmten Geschwindigkeit von A nach B, wo er nach einer bestimmten Zeit ankam. Wäre er 5 km/h schneller gefahren, so würde er 48 Minuten früher; wäre er 5 km/h langsamer gefahren, so würde er 1 Stunde 20 Minuten später am Ziel gewesen sein.

a) Berechne die Geschwindigkeit des Radfahrers.

b) Welche Zeit brauchte der Radfahrer?

c) Wie groß ist die Entfernung von A und B?

[1394] Von einem Zeltlager aus führt der Weg zur Stadt zunächst bergab und dann eben weiter. Ein Schüler fuhr mit dem Fahrrad die abfallende Strecke mit der Geschwindigkeit von 15 km/h und in der Ebene dann 3 km/h langsamer; er kam nach 1 Stunde und 2 Minuten in der Stadt an. Auf dem Rückweg fuhr er die ebene Strecke mit der Geschwindigkeit von 10 km/h und im Anstieg 6 km/h langsamer; er kam nach 2 Stunden und 36 Minuten wieder im Lager an.

Wie groß ist die Entfernung vom Lager zur Stadt?

120. MUSTERAUFGABE:

Ein Fischer rudert auf einem Fluß zwei Stunden lang gegen die
Strömung und entfernt sich dabei von der Anlegestelle. Zurück,
also mit der Strömung, rudert er in einer halben Stunde. Die
Strömungsgeschwindigkeit des Flusses beträgt 3 km/h.
Welche Geschwindigkeit hätte das Fischerboot in stehendem Ge-
wässer gehabt?
Wie weit war der Fischer nach zwei Stunden von der Anlegestel-
le entfernt?

Lösung:

Die Geschwindigkeit des Bootes sei in stehendem Gewässer
x km/h. Rudert der Fischer gegen die Strömung, so hat sein
Boot (für einen Beobachter am Ufer des Flusses) die Geschwin-
digkeit (x-3) km/h. In zwei Stunden entfernt er sich 2(x-3) km
von der Anlegestelle.
Rudert der Fischer mit der Strömung, so hat sein Boot (für einen
Beobachter am Ufer des Flusses) die Geschwindigkeit (x+3) km/h.
In einer halben Stunde legt er 0,5(x+3) km zurück.
Da der Fischer nun wieder an der Anlegestelle ist, ergibt sich
die Gleichung

$2(x - 3) = 0,5(x + 3)$ bezüglich der Grundmenge $\mathbb{Q}^+$.

$$1,5x = 7,5$$
$$x = 5 \ ; \ L = \{5\} .$$

In stehendem Gewässer hätte das Boot die Geschwindigkeit 5 km/h
erreicht; der Fischer hat sich 2(5 - 3) km = 4 km von der Anlegestelle entfernt.

[1395] Ein Schiff hat in stehendem Gewässer die Geschwindigkeit
12 km/h. Es fährt vom Ort A den Fluß hinunter zum Ort B.
Von A nach B benötigt das Schiff 2 Stunden, für die Rückfahrt benötigt es 1 Stunde 20 Minuten mehr.
Wie weit sind die beiden Orte A und B voneinander entfern

[1396] Ein Flugzeug benötigt für eine 100 km lange Strecke gegen den Wind 40 Minuten, mit dem Wind 30 Minuten.
Wie groß sind die Geschwindigkeiten des Flugzeuges und
des Windes.

*[1397] Ein Dampfer legte flußabwärts 100 km und flußaufwärts
64 km in zusammen 9 Stunden zurück. Ein anderes Mal
legte er in 9 Stunden 80 km flußabwärts und 80 km flußaufwärts zurück.
Wie groß war die Eigengeschwindigkeit des Dampfers, wie
groß war die Strömungsgeschwindigkeit des Flusses?

121. MUSTERAUFGABE:

Ein Dampfer legt die Entfernung von A nach B auf einem Fluß
stromab in 5 Stunden und stromauf in 7 Stunden zurück.
Wie lange würde der Dampfer benötigen, um die Entfernung von
A nach B in stehendem Gewässer zurückzulegen?
Wie lange würde ein Floß brauchen, um von A nach B zu gelangen?
Lösung:
Die Entfernung von A nach B (in km) sei s.
Die Zeit (in h), welche der Dampfer in stehendem Gewässer be-
nötigen würde, sei x. Dann hat er dort die Geschwindigkeit
(in km/h) $v_D = \frac{s}{x}$.

Die Zeit (in h), welche ein Floß brauchen würde, um von A nach
B zu gelangen, sei y. Dann hätte dieses die Geschwindigkeit
(in km/h) $v_F = \frac{s}{y}$.

Diese Geschwindigkeit hat auch das fließende Gewässer.
Fährt der Dampfer flußabwärts, so hat er (für einen Beobachter
am Ufer) die Geschwindigkeit
$$v_D + v_F = \frac{s}{x} + \frac{s}{y}.$$
Da er dann 5 Stunden benötigt, um von A nach B zu kommen, läßt
sich diese Geschwindigkeit auch durch $\frac{s}{5}$ ausdrücken.
Somit ergibt sich die Gleichung
$$\frac{s}{x} + \frac{s}{y} = \frac{s}{5}.$$

Wir dividieren beide Terme der Gleichung durch $s \neq 0$ und erhalten die Gleichung

$$\frac{1}{x} + \frac{1}{y} = \frac{1}{5}. \qquad (1)$$

Fährt der Dampfer flußaufwärts, so hat er (für einen Beobachter am Ufer) die Geschwindigkeit

$$v_D - v_F = \frac{s}{x} - \frac{s}{y}.$$

Daß er dann 7 Stunden benötigt, um von B nach A zu kommen, läßt sich diese Geschwindigkeit auch durch $\frac{s}{7}$ ausdrücken.

Somit ergibt sich die Gleichung

$$\frac{s}{x} - \frac{s}{y} = \frac{s}{7}.$$

Wir dividieren beide Terme der Gleichung durch $s \neq 0$ und erhalten die Gleichung

$$\frac{1}{x} - \frac{1}{y} = \frac{1}{7}. \qquad (2)$$

Die Gleichungen (1) und (2) bilden ein Gleichungssystem über der Grundmenge $Q^+ \times Q^+$.

Durch zweimaliges Anwenden des Additionsverfahrens erhält man daraus die Lösungsmenge $L = \{(5\frac{5}{6}; 35)\}$.

Der Dampfer würde in stehendem Gewässer 5 Stunden 50 Minuten benötigen, um die Entfernung von A nach B zurückzulegen; das Floß würde in 35 Stunden von A nach B gelangen.

[1398] Ein Schiff legt mit der Strömung 25 km/h, gegen die Strömung 20 km/h zurück.
Wie groß sind die Geschwindigkeiten des Schiffes und das Wassers?

*[1399] Klaus fährt mit einem Dampfer von Rüdesheim nach Ehrenbreitstein rheinabwärts in 4 Stunden, für den Rückweg werden 2 Stunden mehr benötigt.
Wie lange wäre Klaus unterwegs gewesen, wenn er mit einem Floß von Rüdesheim nach Ehrenbreitstein gefahren wäre?

*[1400] Ein Wanderer läuft mit gleichbleibender Geschwindigkeit auf einem Fußweg, der sich neben den Geleisen einer S-Bahn befindet. Der Wanderer stellt fest, daß ihm alle 10 Minuten eine S-Bahn entgegenkommt und er alle 15 Minuten von einer S-Bahn überholt wird.
In welchem zeitlichen Abstand fahren die Bahnen, wenn auch sie mit gleichbleibender Geschwindigkeit fahren?